# 热网技术与工程应用

刘领诚　著

中国建筑工业出版社

**图书在版编目（CIP）数据**

热网技术与工程应用 / 刘领诚著. -- 北京：中国
建筑工业出版社，2024.7. — ISBN 978-7-112-30120-1

Ⅰ. TU833

中国国家版本馆 CIP 数据核字第 2024C14M07 号

责任编辑：于　莉
责任校对：张惠雯

## 热网技术与工程应用

刘领诚　著

\*

中国建筑工业出版社出版、发行（北京海淀三里河路 9 号）

各地新华书店、建筑书店经销

北京科地亚盟排版公司制版

北京云浩印刷有限责任公司印刷

\*

开本：787 毫米×1092 毫米　1/16　印张：10¾　字数：256 千字

2024 年 7 月第一版　　2024 年 7 月第一次印刷

定价：**45.00** 元

ISBN 978-7-112-30120-1

（42747）

# 前　言

输送热能的管网最早在 19 世纪末问世。20 世纪 70 年代在北欧出现了工厂预制保温管用于地下敷设集中供暖。我国于 20 世纪 80 年代初引进了该项技术，并迅速推广应用于城镇集中供暖工程中。如今规模之大，世界上已无任何国家能比肩。与此同时，大规模集中供工业蒸汽管网也出现在我国。伴随改革开放，东南沿海地区兴建了大量工业园区。作为工业园区配套的基础设施，集中供工业蒸汽的管网应运而生。供工业蒸汽管网供热半径从早期的 5km 逐步延长至 10km、20km、30km。近两年核电厂作为热源也加入到集中供热行业，与此对应的热网长度正向 50km 甚至更长的方向发展。

我国集中供热管网，无论是水网还是蒸汽网，主要以燃煤、燃气的热电厂为热源，采用热电联产形式。热电联产是世界公认的节能方式。在火力发电领域，我国发电设备和运行技术在世界上处于领先地位。在现有热循环模式下，发电热效率已接近极限，想进一步提高发电热效率的难度极大。而作为热电联产技术中的热力管网，与发电技术形成强烈反差。国内研究热力管网技术的学者已是寥寥无几，研究蒸汽管网技术者更是凤毛麟角，关于热网技术的著作较少。相关技术碎片化地分散在热力学、水力学、材料力学、结构力学、材料学以及其他学科的著述中。这给初入行业的从业者带来了很大困难，不利于开展节能减排事业和实现"双碳"目标。

笔者从事热能行业已 60 余年，年逾古稀，涉猎新技术已力不从心。但面对行业现状还是决定抛砖引玉，于 2018 年动笔，到 2020 年年底基本成稿。2020～2022 年后续工作陷入停滞，2023 年又重拾搁置的事宜，陆续完成补充修订等后续工作。

在书中除了不可少的基础理论外，为引导从业者在热网热效率上推进相关技术，平抑与发电行业水平的差距，笔者在书中提出了一系列新概念，包括确定蒸汽管网设计参数以用户为本的理念，更迭传统的用户服从热源的思维模式。同时强调关注热网热效率，在此前提下推出了"量长比"的概念，系统地探讨了管网中多项附加热损失，首先提出了"比压降、比温降"的概念，给出了热网检测的理论、评定准则和操作方法。作者希望通过上述观点，能引导从业者加强关注，同心协力提高我国热网技术水平，促进"双碳"目标实现。

在本书成稿的过程中，得到了不少同志帮助。在此特别感谢施海华、吴晓菁、郭璐伊、吴爱萍等工程师对书稿绘图、打印等工作的帮助。鉴于作者的水平和能力，尤其在热力学之外的领域并非作者强项，书中错误和遗漏在所难免。如有错漏，作者恳切感谢读者予以指正。

# 目　录

# 第1章

# 绪　　论

## 1.1　热力管网发展历史

人类从掌握了用火开始，便学会了利用热能。利用火蒸煮或烤食物。利用火直接取暖。发明了火炉、火坑、壁炉、火道，间接取暖。早期人口密度低，不要说游牧民族，即使相对发达的农耕社会也是生产力低下的小农经济。人们利用能源的方式一概是分散的。第一次工业革命，开始出现工厂，工人集中在一起生产作业，出现了蒸汽机，出现了锅炉，集中供热方式应运而生。1877 年美国最先建设了世界上最早的集中供热系统，由集中的锅炉房生产水蒸气向一个大的区域内的楼房供暖，向区域内的工厂供热。因为当时燃料价格太过低廉，这个新兴行业迟迟不能拓展。待到 20 世纪初，汽轮机问世，火力发电厂大量出现，热电联产模式应运而生，这种模式使得热能利用效率提高一倍。

在西方国家集中供热领域供暖和空调所占比例很大，到 20 世纪末，美国、日本等国供暖、空调耗能可占到全部能耗的 1/4～1/3。北欧国家以热水为热媒的集中供暖尤为发达。像丹麦在 20 世纪 70 年代其国内供暖干线管道就已达到 700km。瑞典、芬兰、德国甚至意大利的集中供热也都十分发达，由于国家体制的特点，苏联集中供热事业也相当发达。推行热电联产是其国家倡导的产业政策。在此期间集中供蒸汽管网也有发展，但相比之下集中供热水用于供暖的管网，包括相关技术发展水平、规模相对更高。这里不得不提的是北欧丹麦等国开发的预制保温管道和直埋敷设技术，大大推动了集中供热产业的发展。

1949 年之前国内有集中供暖装备的楼房建筑较少。工厂供热管道也完全不成规模。1949 年后随着经济恢复，生产发展，在第一个五年计划期间建造了一批企业自备热电厂。1959 年北京建成了我国第一座独立的公用热电厂，并形成了配套的城市热网。随后，国家转入以经济建设为中心，社会生活迅速走向正轨。1980 年前后引进了北欧的工厂预制保温管和直埋敷设技术，之后我国迎来了建筑业发展黄金时期和城镇化快速发展阶段，这为集中供热提供了一个绝好的发展机遇。40 年的发展档期，我国三北地区建设了世界规模最大的供热管网，供暖保温管道规格最大到 $DN1600$，单线最长的输送距离达到 100km，世界上绝无仅有。与此同时，1978 年开始实行改革开放政策，中国制造业长足发展，40 多年间中国实现了全方位的制造业集成。与城市化和制造业发展伴生的是工业园区的兴起，以及环境问题日益突出，为集中供工业蒸汽产业提供了发展机遇。由于产业布局的原因，发达国家虽也有供工业蒸汽的管网，但其规模和我国完全不能相比。我国从 20

世纪 50 年代在东北地区就进行过直埋敷设蒸汽管网试验工程。到 20 世纪 80 年代，巨大的市场需求极大地推动了蒸汽管网技术的开发。不可否认，市政蒸汽管网是从工业管道衍生出来的，至今仍带有浓厚的工业管道特征。早期的教科书中可以看到，蒸汽管网的长度被限定为最长不得超过 5km。但市场需求是强大的推手。随着时间推移，5km 无法满足需求。很快 10km、15km、20km 蒸汽管网在各地出现。又因发电产业技术升级，催生了 30km 的蒸汽输送管网。我国直埋敷设蒸汽管网技术在国际上处于领先地位。2011 年工厂预制保温架空敷设蒸汽管线投产成功，宣告了蒸汽管网产品全面工厂预制的年代开始，将中国集中供工业蒸汽的事业进一步推到国际领先的位置。

## 1.2　热网相关技术

从事热网行业的工程师主要来自热能、暖通空调专业。热力管网不过就是一条长长的管子，单调、枯燥、乏味，完全没有长江上的大桥那般宏伟；没有历史建筑那种沧桑；更无法谈及美感。但热网是现代城市不可或缺的基础设施。热网关系着千家万户，如供水，供电。社会运行需要热网。因此热网的安全性必须得到充分保障。热网尤其是蒸汽管网是个有压系统，属于政府管控的设施，涉及人身安全，是万万不可出事的基础设施。从事热网行业的工程师必须掌握涉及系统安全的基本知识，包括金属材料、无机材料、有机材料、保温材料。要了解相关材料的物理性质。热网作为一个系统，从头到尾，任何一个部位都不许发生安全问题。为此，从业者要了解一些力学知识，包括材料力学、理论力学、结构力学、土壤（岩土）力学和流体力学。本书在相关章节作一些引导性介绍。

上节曾提到，工业领域涉能，非电即热。在整个社会生活中，热网输热非常重要。节能降耗应当是热网从业者的天职，要想在这一点上从容应对，熟练地掌握热力学，包括热工理论和传热理论是必须的，这是热网从业者的基础知识。在本书中热工学科知识将贯穿始终。

汇集上述种种相关知识的无疑是相关的国家规范，包括外国的重要规范。规范是指导和约束从业者工作的法典。尤其涉及安全问题，是不可不知，不可不学的。

我国在热网建设上迅速发展，无论冷热水管网，还是蒸汽供热管网，在规模上都稳居世界首位。同时在热网技术研究上也有很大发展。20 世纪 70 年代北京煤气热力设计院牵头，借鉴美国关于工业管道应力分析的理论，建立了直埋敷设热水管道的设计理论，比开发了直埋敷设热水管网技术的北欧国家，在相关理论研究上还略有超前。在蒸汽管网技术发展方面，挣脱开工业管道体系，建立热力管网自己的理论系统。

## 1.3　热网技术的使命

节能环保是当今世界范围的主题。社会经济的发展，人口的激增，使得人类赖以生存的地球已经不堪重负。人类创造了财富，也破坏了环境。保护地球家园已成为各国共同目标，我国政府也对此作出了承诺。通过热力管网传输着 1/3 的热能。供暖热水管网每年要连续运行 4 个月左右，最北边的漠河地区要每年运行长达 7 个月。蒸汽供热管网则更甚，几乎全年都在不停地运转。国家相关标准规定，热网效率应不低于 92%，但现实中能达到规定水准的管网有多少？我国单位国内生产总值（GDP）的能耗比发达国家要高出很多，这是个不争的事实，意味着热网从业者重任在肩。本书专门有一个章节讨论管网热效率，以及提高热效率的途径。

19 世纪美国燃料价格低廉，使得集中供热事业长时间不能发展。中华人民共和国成立之初燃煤价格曾低到 2 元/吨。而钢材和保温材料很贵。在早年针对工业管道编制的一些标准，如《设备及管道保温技术通则》GB 4272—1992 中管道保温、散热的指标还明显地保留着过去年代的痕迹。两次世界石油危机的冲击，使当今燃料和各种材料的价格已发生重大变化。逐年减少燃煤，使用更清洁的天然气成为当下燃料市场的趋势。气—煤更迭使蒸汽成本显著增加，导致蒸汽用户负担大增。提高热网效率是拯救用户的措施之一，也同时拯救热网产业。否则用户会因不堪重负而流失，导致热网生存状态更加堪忧。这是一个已经摆在热网从业者面前的课题。

此外，热网是个独立的系统，但也与热源有密不可分的关系。毕竟热电联产是当下集中供热的主导方式。做好自己，也让关联方提高效率和效益，这是热网从业者应该承担的义务。当然也只有掌握相关知识才能有所作为。

# 第 2 章

# 保温管道及保温管道材料

热网中输送与环境温度不相同的介质。例如当气温是 40℃时，空调冷水管网中水的温度是 5℃；当工业蒸汽的温度是 320℃时，管外温度可能是－32℃。液化天然气的温度比冰点温度低 160 多摄氏度。黏稠的石油为了降低输送消耗的动力，常常要加热到 70～80℃。供暖管道中的热水温度较高。管中介质温度与环境温度有如此大的差别，因此输送这些介质的管道需要得到很好的保温处理。

本章将介绍保温管道的结构，保温管道的分类，以及与保温管道有关的材料及其性能。

## 2.1　保温管道的结构

保温管道的结构如图 2-1 所示。包括芯管、保温层、外套管（壳）和支架。

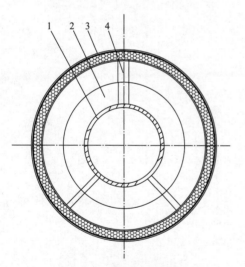

图 2-1　保温管道结构
1-芯管；2-保温层；3-外套管（壳）；4-支架

### 1. 芯管

芯管是容纳热或冷介质的硕大容器。芯管中的介质非冷即热。冷如液化天然气，可能到－200～－100℃。热如水蒸气，可高达 300～400℃。热网介质通常是有压力的。介质压力达到几个兆帕是可能的。管中的介质要容易流动。有些工业管道管中的介质可能具有腐蚀性甚至有毒。因此，热网中保温管道中的芯管要具有如下性能。

1）芯管要具有足够的强度和刚度

热网管道主要敷设在野外，大多时间无专人看管守护。容纳冷热介质的管道必须保持自身形状不改变，不会因为来自人为的扰动或自然的作用而发生形状改变，也不能因为注入介质而变形。

热网的芯管要承受内部介质的压力和外部环境形成的压力。热网运行中还可能发生意外，如水锤，在介质中出现瞬时高压或低压。热网管道中的介质温度经常会改变。介质温度的变化必然传递给芯管。芯管温度改变可能引起芯管管壁应力变化，诸如此类的变化，都要求芯管承受。因此芯管要具有足够的强度和刚度。

2）耐腐蚀

热网管道的芯管中的介质可能对管道具有腐蚀性。热网是体量庞大的设施，芯管内表面面积自然也很大。如果芯管因介质腐蚀穿孔，对热网的危害是很严重的。鉴于热网体量大，发生管道腐蚀穿孔后维修困难。针对介质的性质，选配合适的芯管材质，避免发生管道腐蚀是很重要的事。

3）易于结合

热网的管线长度可能有几千米甚至几十千米。一根管道长度只有 10m 左右。因此一个热网由成千上万根管道连接起来，构成一个严密的不可拆分的整体。管与管的结合需要简单、可靠、牢固。

**2. 保温层**

热网不同于其他管网，最突出的一个特征就是热网中的介质非冷即热，且要求经过几千米或几十千米的传送，管中介质的热（冷）量散失尽量少，热网管道保温层的重要性不言而喻。

热网管道保温层的结构多种多样。最简单的是管道外面包一层保温材料，如玻璃棉毡。根据保温管对保温要求和各种保温材料的性能差异，也可以用几种不同的材料搭配构成复合保温层。例如聚氨酯泡沫具有优良的隔热性能，还具有诸多其他优点，唯独不耐高温。蒸汽管道上常用它作外保温层，用耐热性良好的微孔硅酸钙瓦作内层。泡沫层和保温瓦优势互补，构成绝佳的复合保温结构。

除了常规的方法，热网管道保温还可以利用真空技术，在芯管外构成一个封闭的空间，将封闭空间里的空气抽出，使密封舱成为真空层。真空隔热是最好的保温方式。空分行业普遍采用真空隔热管道。因为热网管道体量庞大，使得抽真空难，抽高真空更难，长久保持真空更是难上加难。因此热网行业真空保温技术尚处于技术开发阶段。铝箔隔绝辐射传热是很有效的保温方式。目前铝箔隔热在热网保温管道上的应用尚不是很得法。但在热网管道保温技术开发方面，铝箔应当有一席之地。热网管道的保温层应当满足如下要求：

1）良好的保温性能

热网的使命就是将热能输送给远方的用户。热网是近代工业发展形成的城市中重要的配套设施之一。"距离很远"是城市热网区别于工业管道的重要特征之一。城市热网与工业管道另一个重要区别在于城市热网的所有者是热能的卖方，热网用户是热能的买方，双方是供需关系，而工业管道两端的业主通常不是两方。工业管道的热量损失往往绝对价值不是很大，在企业运行成本中占比很小。因此，热网保温受到的关注程度必然远远高于工业管道中保温受到的关注程度。在环境保护的层面，热网保温必然会越来越得到重视。

早期，一些天然的材料，如稻草、稻壳、棉花都曾是保温材料。随着科技发展，像石棉、玻璃纤维、珍珠岩、硅藻土等保温材料出现了。石油化工行业发展开发出一系列有机泡沫保温材料。如聚苯乙烯泡沫和聚氨酯泡沫是应用最广泛的保温材料。在常规保温材料中硬质聚氨酯泡沫优秀的保温性能和综合性能使之在众多的保温材料中脱颖而出。航空航天技术发展，使性能更为优秀的纳米孔气凝胶问世，材料的保温性能跃上更高的台阶。表 2-1 给出了热网常用保温材料导热系数。

常用保温材料导热系数 ［W/(m·℃)］　　　　　表 2-1

| 材料 | 温度（℃） | | | |
|------|------|------|------|------|
| | 20 | 100 | 200 | 300 |
| 玻璃棉 | 0.0325 | 0.0461 | 0.0631 | — |
| 微孔硅酸钙 | 0.0580 | 0.0650 | 0.0751 | 0.0868 |
| 聚苯乙烯泡沫 | 0.0267 | — | — | — |
| 聚氨酯泡沫 | 0.0244 | 0.0340 | — | — |
| 纳米孔气凝胶 | 0.0162 | 0.0190 | 0.0248 | 0.0348 |

从表 2-1 中可见，各种材料在不同的温度下导热系数有明显的不同。温度越高材料的导热系数就越高，每种保温材料都有其适应的温度范围。例如聚苯乙烯泡沫在常温条件下具有很好的保温性能，但超过 70℃ 其保温性能下降。而微孔硅酸钙的保温性能虽然不算出色。但在 300℃ 及以上温度能够长期稳定地工作。这是微孔硅酸钙瓦能够在热网管道保温领域占有一席之地的重要原因。

2）对环境及环境变化的高承受能力

热网管道设在野外。直埋敷设的热力管道在地表层之下，地下可能经常有水。架空敷设管道则要经受强风暴雨侵袭，受到人员活动的扰动，防护困难。总之，管道周围环境比较严酷。热网管道是城市基础设施之一，承担着重要的社会使命。又鉴于热网分布的地域很广，维护难度比较大，且热网的预期寿命应当至少 30 年，因此热网的保温层应当足够坚固，能够长期稳定地工作。

3）容易获得，价格低廉

热网是普通的民用基础设施。热网的体量庞大，作为热网应用的保温材料一定是普通的、容易得到的材料。保温性能好，但稀缺或昂贵，则在热网上很难广泛应用。纳米孔气凝胶就是一个十分典型的例子，其保温性能比常用保温材料强很多，但纳米孔气凝胶的价格是常规保温材料价格的 10～20 倍，这就限制了纳米孔气凝胶在热网管道保温上的广泛应用。

### 3. 外套管（壳）

热网管道的保温层需要保护，要防护来自外界的扰动和作用，避免保温材料变形或从保温管上脱落。强烈的风吹会破坏管道的保温层，强风透过保温层直接侵扰芯管还会带走大量的热，降低保温效果。水对保温材料保温性能的破坏比风更严重。吸潮的保温材料，淋雨的保温材料，尤其遭到浸泡的保温材料，其保温性能可能受到严重的影响。最典型的案例莫过于玻璃棉毡。干燥的玻璃棉毡有很好的保温性能。玻璃棉毡吸潮后，保温性能明显下降。淋雨会使玻璃棉毡下坠，甚至脱落，即使没有脱落，脱水后也会板结。玻璃棉毡若遭水浸泡、蒸煮，其保温作用可彻底丧失。日光照射带来紫外线，对于用有机物质制造的保温材料会使之加快老化。直接埋在土壤中的热力管道，如果最外层没有坚硬的外壳，管道保温层将会因土壤挤压而变形失效。综上所述，保温管的保温外壳起着十分重要的作用。

早期的架空敷设的保温管道，曾经只包一层油毛毡作外壳，成本低，但效果差。油毛毡强度、刚度差，遮风挡雨性能也差，其寿命更无法满足需求。取代油毛毡的材料有沥青玻璃纤维布、玻璃钢，但仍然不能有效保护管道保温层。为此有人专门开发出了管道外壳用的复合无机材料，称为镁钢。比起前面几种外壳材料，镁钢外壳更坚固，是无机材料，不怕日晒、雨淋。但镁钢经碰撞、踩踏会破碎，管道热胀冷缩也会引起镁钢外壳撕裂。彩钢板在保温管道上作为外壳是近些年用的比较多的材料。铝合金薄板、不锈钢薄板经专门卷管机械咬口卷成完整无缝的保温管外壳，各项性能均超越了前面几种管道外壳材料。

直埋敷设的热力管道中输水的管道，输油的管道，海底敷设输送液化天然气的管道，其外壳采用高密度聚乙烯，用注塑机械压制成型或卷制成型，成为至今为止几十年不变的做法。与之成为鲜明对比的是输送蒸汽的直埋敷设保温管道的外壳。早期高密度聚乙烯也被用来制作直埋蒸汽管道的外壳管。高密度聚乙烯耐受温度上限是 80℃，到 150℃高密度聚乙烯就熔化了。早期的直埋蒸汽管道出现事故之后，管中蒸汽外溢或芯管外生成蒸汽（保温层进水）导致塑料外壳软化失效，以至于不得不用价格高的钢管作为直埋蒸汽管道的外套管。碳钢管埋在地下出现了防腐问题。外层钢管承受从外向里的腐蚀，同时还有自里向外的腐蚀，很难保证服役 30 年。埋地保温管的外壳管一旦腐蚀穿孔，管道保温效果将明显下降。一处发生腐蚀，往往多处发生腐蚀，维修非常困难。钢材防腐技术很成熟，有多种方法和防腐材料实现钢套管防腐。作为工厂生产的预制保温管道，防腐不是问题，然而热网不能在工厂里形成。由管道变成管网，管与管接口要在工程现场完成。防腐失效主要发生在接口上。各种管网中，无论是国内、国外，接口防腐仍然是还没有得到妥善解决的问题，成为管网的软肋。直埋敷设蒸汽管道的外套管至今仍然是有待突破的技术课题。

### 4. 管道支架

保温管道前后连接形成管网。管网的管道需要有所依托。直埋敷设的保温管、外套管依托管道四周的土壤。保温管的芯管依托在套管上。玻璃棉毡保温的直埋蒸汽管道芯管上设置专门的钢制支架。钢支架坐落在钢外套管内壁上，支撑芯管及附在芯管上的玻璃棉毡，并让芯管与外套管保持同心。支架还可以引导芯管在套管中沿管道轴线前后移动。每根管道上装两个支架，分布在管道前后两端，承载芯管的重量，还包括芯管外保温层的重量及芯管中介质的重量（芯管中不只是蒸汽，强度检验时往芯管中充满了水）。采用硬质的微孔硅酸钙和硬质聚氨酯泡沫保温的直埋蒸汽管道不需要设置支撑芯管的支架。硬质的保温瓦有足够的强度用以支撑芯管。例如一根 12m 长的 $\phi530\times10$ 的蒸汽管道质量大约为 1.5t，与之配套的保温瓦能承载 318t。与直埋蒸汽保温管不同的是冷热水直埋保温管。水管中芯管外的保温层通常是硬质聚氨酯泡沫。硬质聚氨酯泡沫密度较高（管道用保温泡沫密度为 $60kg/m^3$，冰箱保温用泡沫密度为 $30\sim40kg/m^3$），承重能力强。直埋保温冷热水保温管中没有支架。外套管托起聚氨酯泡沫，聚氨酯泡沫层托起芯管。

架空敷设的热力管道凡是现场保温的管网，管网的管道都需要用钢支架将芯管支起来。支架与芯管结合成一体。另一类工厂预制保温管道，无论蒸汽管道还是冷热水保温管，目前为止都可以是硬质保温结构，管道内不设钢支架，保温管外有托架，通过托架依托在管道支墩上。

### 5. 结构形式

冷热水保温管的芯管采用钢管，近些年水温不高的管网也开始使用塑料芯管。水管的保温材料采用硬质聚氨酯泡沫。直埋敷设冷热水管网管道保温外壳采用高密度聚乙烯。用灌注法生成泡沫层的加工工艺，外壳管用挤出拔制方法制成塑料外壳管。采用喷涂法形成聚氨酯泡沫的制作工艺，外壳采用挤出缠绕工艺形成。架空敷设的冷热水保温管采用薄壁金属外壳，用制管机械卷制、咬口形成卷筒。通过灌注方法发泡生成保温层。不管是直埋保温管，或是架空预制保温管，芯管、泡沫保温层和外壳都是一体的，不可分离的。芯管因介质温度变化热胀冷缩，连带泡沫层和外壳一起位移。直埋敷设冷热水保温管采用无补偿敷设方法时，土层将冷热水保温管的塑料外壳抱死，并连带泡沫层和芯管一起抱死。芯管—泡沫层—外壳三位一体紧密不可分，这是冷热水保温管的结构特点。

与冷热水保温管不同，蒸汽管网中蒸汽温度可达 200～300℃甚至更高。目前聚氨酯泡沫耐受不了如此高的温度。聚氨酯泡沫不能直接粘到蒸汽钢管上。在聚氨酯泡沫与蒸汽钢管之间需要加入耐温性能更好的保温材料。常用的是微孔硅酸钙瓦。除了有机保温材料如硬质聚氨酯泡沫之外，蒸汽管道还广泛使用无机保温材料，包括已经提到的微孔硅酸钙瓦、玻璃棉毡、玻璃棉管壳、岩棉管壳及硅酸铝棉毡等。无机保温材料都没有黏性。与蒸汽钢管不粘连。

蒸汽保温管中蒸汽温度很高。热网中的蒸汽管道要承受 200～300℃的温度变化。蒸汽管网需要保障蒸汽钢管能够伸缩。蒸汽保温管的外套管温度没有很大的变化幅度。直埋敷设蒸汽保温管的外套管，基本上不考虑热胀冷缩问题。架空敷设的蒸汽保温管外套的温度变化更小。因此，蒸汽管网的芯管和外套管在管道轴向发生明显的相对位移。根据蒸汽保温管的保温层对芯管或外套管的依附关系，蒸汽管网包括外滑动式和内滑动式两种结构。

外滑动式：蒸汽管道的保温层附着在蒸汽管道上。蒸汽管道带着保温层一起在管道轴向伸长或缩短。

内滑动式：蒸汽管道的保温层附着在外套管上。外套管在管道轴向不发生位移。蒸汽芯管相对于保温层和外套管在管道轴向相对位移。

**6. 端封**

直埋地下的保温管在施工阶段可能遭水浸泡，管道保温层进水后果很严重。为此，直埋保温管上常配置防水端封。防水端封包括永久性端封，安装时拆除的端封，以及自行解开的端封。保温层端封相对保温层成为热桥。这是设置端封带来的负面效益。对于蒸汽管道，如果芯管相对套管要发生相对位移（轴向），端封必须拆除，或者端封可以自动脱开。

## 2.2　保温管道分类

随着技术的进步，人类对环境要求的提高，生产方面的需求，以及节省能源和环境保护需求，热力管网应运而生，发展很快，出现了许多门类。本节将对各种保温管进行梳理。

**1. 按介质分类**

现代管网中的介质有很多种，分别是：

1）热水保温管

热水保温管中的介质是水，水的温度比环境温度高，这类管网称为热水保温管网。

最常见的是生活热水管网。管中是干净的，可用于沐浴、洗涤甚至可用于食品加工的热水。温度不高于 70℃。为防止水中产生军团杆菌，水温也不能低于 70℃。热网从热源将热水输送到住宅小区、工厂区、学校、医院和其他大型公共建筑。简单的管网可单线敷设。对于调查用户需求资料比较详实的工程项目，为了满足当下用户需求且兼顾热网企业的经营效益，又考虑地区经济长远发展，可将管网作成双线。热水在管网中循环流动可维持用户端水温稳定。

2）供暖热水保温管

用于建筑供暖的热水管道管网在热网中占比最高。直接送热水入户的为二次管网。二次管网中水温在 50～80℃。从热源站（点）引出的管网叫一次网。一次网中供水水温可能是 110℃、130℃。未来一次网中供水水温可能达 160℃，甚至 180℃。介质温度提升，可提高热网的输送能力。对于我国一些居住人口密度高，城市规模大的地方提高供水水温可以缓解城市供热需求的压力。管网中水温提高，超过 140℃ 对保温材料提出新的要求。传统的硬质聚氨酯泡沫耐受温度上限为 140℃。水温超过 150℃ 带来更复杂的问题。除了保温材料耐温性之外，150℃ 是直埋热水管道无补偿敷设方式可承受温度的上限。要突破这个界限会涉及一系列技术上的问题，将在后续章节进行讨论。

3）空调冷水管

气候变化，城市规模的扩展，以及城市热岛效应，使得许多城市的夏季生活环境变得十分严酷。制冷空调已经成为生活中不可或缺的电器。大型商场、医院、展馆、会议中心、宾馆等，对冷量有较大需求。像医院这种大型公共建筑，在整个夏季要求连续供冷。因此集中供冷的管网应运而生。目前冷水管网中介质温度的下限为 5℃，上限为 13℃，可用温差最高为 8℃，与供暖管网比相差十几倍。因此，冷水管网保冷比热水管网保热的要求更严格。因为冷水在管网中温度每升高 0.8℃ 就使管网热效率降低 10%。这大大限制了冷水管网的辐射半径。

仅有 8℃ 温差带来的另一个问题是冷水管网的管径需要很大，给管网设计工作带来很多困难。而突破 5～13℃ 的界限显然比扩大供暖热水管网供回水温差要困难得多。

4）蒸汽保温管

最早的热力管道应该是蒸汽保温管道，用锅炉生产饱和蒸汽，用于大型建筑供暖，送蒸汽到纺织车间、造纸车间，形成供暖蒸汽管道和工业蒸汽输配管道。热电厂出现之后，过热蒸汽逐渐取代了饱和蒸汽。管网的输热能力和早期管网相比，有大幅度提升。早期蒸汽压力为 0.3MPa，至多达到 1.0MPa。蒸汽温度为 130℃，至多达到 180℃。现代热电联产的蒸汽管网提供的是过热蒸汽。压力可以达到 1.6MPa、2.5MPa 甚至 4.0MPa。温度可高达 300℃ 甚至 400℃。蒸汽携带的能量更高了。同时对热网保温、补偿及管道强度的要求都提升到前所未有的高度。

5）导热油保温管道

有的加工企业生产工艺要求保持恒温。当所需要的蒸汽温度超过了热网能提供的蒸汽压力所对应的饱和温度时，企业要求的恒温温度较难保证。此时如果不能获得更高压力的蒸汽，企业往往寻求用导热油来满足生产工艺需求。这时就需要导热油输配管网。这种管网中导热油温度多在 200℃ 以上，直至 400℃。这种导热油输配管道也需要保温。在所有热力管道中导热油输配管网的份额很小。导热油可燃，需要考虑防火，同时与蒸汽、水等介质比较价格昂贵。因此导热油管网防止泄漏的要求比水管、蒸汽管道更为严格。

6）稠油输送管道

地球储藏的石油资源中稠油占的比例高，稠油开采和输送成为一个专门学科。涉及保温管道的要求在于使稠油能够用管道输送。为了降低输送稠油所消耗的动力，稠油管道需要伴热。可用蒸汽加热，也可以用电缆伴热。不管用哪种方法，流动的原油温度都超过环境温度。热力管道涉及的技术问题，在稠油输送管道中大多也会遇到。

7）热的化工材料输送管道

化工企业中管道非常多。各种化工原料、半成品、化工产品都可能经管道输送。其中也有很多介质的温度高出环境温度。对于管道中高温介质通常要保持其温度。从这个角度出发，化工企业中的很多管道也具有热力管道的特质。但管道保温，管道热胀冷缩及由此引申出来的技术问题，与热网管道存在共性。化工管道极少可能进入市政领域。通常归入工业管道范畴。化工管道常涉及介质有毒、易燃、易爆，因此对管网的安全有更加严格的要求。

8）LNG 管道

LNG 即液化天然气。通常经海上用轮船运输。船到港口后再经管道输送上岸。LNG温度为－162℃，与海水、空气有很大温差，又因为是保冷，故对管道绝热要求很严格。另一个问题是介质温度处于冰点以下一百多度。这是其他热网管道遇不到的状况，低温环境对管道材料、保温材料、防护材料都有不同的要求。

## 2. 按管网敷设方式分类

1）架空敷设

架空敷设是在管网建设最早期采用的管网敷设方式。根据管道自身重量，管道承受的荷载和管道的强度确定支撑管道的支墩间距。用一个个间隔开并沿管线走向分布的混凝土墩将管道托起，架设到离地面一定高度的空间。管道离地面近的管网采用的是低支墩（架），管道底部离地面距离最远的支墩称作高支墩（架），介于两者之间称为中支墩（架）。低支墩管网施工方便，用得最多。

架空管网施工方便，维护管理方便，管网更新改造也方便。但架空敷设的管网占据相当大的地面空间，管网体量也十分庞大。在城市郊外，空间并不是问题，故常采用架空敷设方式。在城市中心区域，空间狭小，架空敷设的热力管网，对城市形象、交通构成影响。城市规划部门往往不会允许热网管道敷设在城市中心的地面上。

2）管廊敷设和地沟敷设

热力管道敷设到地沟中，这种方式是继架空敷设之后最早采用的管道敷设方式。沿管网走向在地面下构筑管沟，在管沟中敷设热力管道。这种方法解决了热网挤占城市中心紧张的地面空间的问题。这种管道敷设方式在 20 世纪很流行。虽然让出了城市地上空间，却占据了城市地下空间。热力管道本身体量已经相当庞大，要把热力管道容纳其中，热力管沟的尺寸则更加庞大。技术的发展进步除了热网之外还催生出了雨水管道、污水管道、通信管线、动力电缆、燃气管网，供水管网更是不可或缺。热力管沟显然使地下空间紧张程度雪上加霜。因此，地下管沟中敷设热力管网的方式逐渐被边缘化。然而事物有时会沿着螺旋上升的轨迹发展。热网技术就是这样。空间尺寸更为庞大的公共管廊取代了地下管沟，并且将热力管网与其他管线汇集到一起，共沟敷设。

3）直埋敷设

为避免热力管道占据过大的地面空间和地下空间，20 世纪 50 年代起，北欧一些国家利用硬质聚氨酯来保温。用高密度聚乙烯作为管道保温外壳，制成供暖热水保温管。这种工厂里预制的保温外壳十分坚固且防水。管与管之间的接口也用同样的材料熔融结合，使整条管线闭合成一体，实现了无沟地下直埋敷设，使热网技术取得突破性进展。之后北欧国家又开发了供暖管道无补偿直埋敷设理论，使此项技术更加完善。后续章节还将专门讨论。在热水管道直埋敷设技术不断完善的基础上，蒸汽管道直埋敷设技术也取得了长足进展，成为一种成熟的敷设方式。

4）水下敷设

热网管道穿过河流、湖泊。可以在水面上架设桁架，也可在河底或湖底敷设。采用这种敷设方式，除了满足地下直埋敷设的所有要求外，还需解决水中放管技术、沉管技术、防漂浮技术和防冲技术。这些都属于专门技术，与热力管道没有直接关系。

**3. 按保温管保温结构分类**

热网保温管道的主体是芯管、保温层和外壳（管、套）三个部分。上述三个部分之间不一样的相互关系，使保温管形成各不相同的类型。

1）三位一体型

最常见的是供暖热水管道。在生产保温管的过程中，保温管保温层中的聚氨酯泡沫由俗称黑料和白料的两种液体混合，反应生成黏稠的可流淌的物质。固化后形成硬质聚氨酯泡沫。所形成的泡沫与芯管和套管牢牢地粘结。芯管、泡沫、套管成为一体，不可分离。

2）外滑动型

直埋蒸汽保温管道的蒸汽温度可高达 200～300℃，甚至更高。保温管的芯管温度与蒸汽温度一致。保温管的套管与土壤直接接触，套管温度与土壤温度接近。芯管与套管温度相差 200℃左右。芯管、套管一体将无法承受大温差引起的温度应力。对于蒸汽压力高过 1.0MPa 的蒸汽管道，芯管和套管一般是相互脱开的，非一体的。热网运行中，芯管、套管会发生相对轴向位移。

蒸汽保温管的芯管和套管之间是保温层。若保温层附着在芯管上，随着芯管一起在管道轴向相对套管前后位移。对这种结构的保温管称为外滑动型。

老式现存的架空蒸汽管网，管道支架焊在蒸汽芯管上，支架在混凝土支座上沿轴向可移动，这类管道也属于外滑动型。地沟敷设的管网也属于此类型。

3）内滑动型

直埋蒸汽保温管中有一种采用微孔硅酸钙瓦与硬质聚氨酯泡沫复合保温。微孔硅酸钙瓦在保温层内侧、硬质聚氨酯泡沫在保温层外侧。泡沫将内侧的微孔硅酸钙瓦和外套管粘牢成为一体。而芯管与微孔硅酸钙瓦是相互脱开的。在轴向芯管和微孔硅酸钙瓦可以相对位移。热网运行中，蒸汽温度变化，蒸汽芯管或伸长，或缩短。保温管埋在土壤中，保温管的外套管受土壤包裹，套管固定不动。蒸汽芯管在硬质的硅酸钙瓦形成的圆形隧道中前后移动。这种保温管属于内滑动型。

4）混合滑动型

预制保温架空敷设蒸汽保温管采用瓦-泡复合保温时，蒸汽管道与保温层是相互脱开的。保温管的托架设在保温外套外面，托架箍在保温管上，托架可以在混凝土支墩上滑动。这种结构的保温管，芯管可相对保温层滑动，是内滑动模式。保温层连同外套及托架可以在混凝土墩上滑动，这属于外滑动模式。这种保温结构可以形成内滑动式，也可形成外滑动式，还可以形成内外混合滑动式。

# 2.3　保温管道

保温管道中输送的介质，无论是水、水蒸气还是油，介质的温度都与环境的温度不同。管道中介质流动，要消耗动力。管道中介质靠管网前后的压力差驱动介质流动，因此保温管道中介质都有高于环境的压力。高温热水管道和蒸汽管道因管中介质温度高，压力高，被列入压力管道范畴，且被列入强制管控范围。这些管道运行中存在风险，关乎安全。从业人员要对管道的材料有较为深入的了解，掌握材料的基本性能。在确保热网安全的前提下，合理选择热网材料。在给予安全足够重视的前提下，还要注意到热网毕竟是民用工程，且是体量相当庞大的民用工程。作为一个有责任心的设计师，要交出一份安全可靠、造价合理的热网建设蓝图，需要认真研究热网材料知识。

**1. 金属材料**

热网管道材料主要使用钢材，钢管又主要采用碳素钢制造。管道及管材是本小节讨论的主要内容。

1）分类

根据管道的用途，管道分成两类。用于输送流动介质的管道叫流体管。例如国家标准《输送流体用无缝钢管》GB/T 8163—2018，内容所涉及的就是常用的流体管。与其属于同一类的还有《低中压锅炉用无缝钢管》GB/T 3087—2022、《普通流体输送管道用埋弧焊钢管》SY/T 5037—2018、《普通流体输送管道用直缝高频焊钢管》SY/T 5038—2018等产品标准。

用于钢结构的钢管材料有《结构用无缝钢管》GB/T 8162—2018。在该标准中，根据用途，没有关于管道严密性的要求。如果误将结构用钢管用来输送流体，则无法保证管道不发生泄漏，对此在设计中必须明确的说明。在工程建设采购环节也绝对不可混淆，或随意替代。

根据管道加工方法不同，管道又可分成无缝钢管、螺旋缝焊接钢管和直缝焊接钢管。尽管制作方法不同，上述三种钢管都可以用作热网的芯管。现在管道焊接技术、焊接设备已经相当成熟。并非管道无缝就更安全，有缝钢管就不坚固或会泄漏。$\phi219$ 及以下尺寸的管道适合用压制方式制作无缝管。相反，小口径管道采用钢板螺旋卷制则比较困难。大口径薄壁钢管适合卷制焊接成型。选择用压制方法加工大口径无缝钢管除了增加成本，没有明显的好处。直埋敷设蒸汽保温管的钢外套管也要有可靠的防水性能，应当选用流体管作外套管，并对管道的严密性给出明确的要求。

热网中输送介质的金属管道材料只有钢。铜、锌、铅、铝以及铸铁都没有作为热网管道材料。钢材由生铁经冶炼得来。冶炼方法有两种。一种方法得到的制品叫沸腾钢，另一种叫镇静钢。钢材牌号中如果加注脚 F，表示该种钢属于沸腾钢。牌号中注脚 Z 代表镇静钢（Z 有时省略），注脚 b 标识是半镇静钢。沸腾钢冶炼方法相对简单粗糙，杂质、气孔较多，性能比镇静钢差，只用于输送压力、温度较低介质的管道。市场上镇静钢购买渠道广，价格和沸腾钢也无明显差别。热网工程中应选择镇静钢作运输介质的管道。

热网管道钢材根据材料成分不同，又可分成碳素钢（低碳钢）、低合金钢和不锈钢。碳素钢价格便宜，且有良好的焊接性能，成为首选的材料，在热网中应用较为广泛。低合金钢和不锈钢的焊接性能虽不如低碳钢，但有更为优良的机械性能，在一些碳素钢不能承受的场合则可选择低合金钢或不锈钢。

Q235 系列是常用的碳素钢牌号，有 Q235A、Q235B、Q235C、Q235D、Q235E，其性能逐渐提升。其中 Q235B 在热网中应用较为广泛。热网芯管、套管常用 Q235B。与之相近的是 10 号钢和 20 号钢。20 号钢性能优于 10 号钢。20 号钢主要用于热网管道的芯管。但当需要管道承受更高的应力，或介质温度太高，20 号钢已不能胜任时，可以考虑低合金钢，比如 16Mn。表 2-2 和表 2-3 列出几种钢材适用的压力、温度区间。

|  |  | 钢管使用范围 | 表 2-2 |
| --- | --- | --- | --- |
| 材料牌号 | 材料标准 | 工作压力 $P$（MPa） | 最高工作温度 $t$（℃） |
| 10、20 | GB/T 8163—2018 | ≤1.6 | ≤350 |
| 10、20 | GB/T 3087—2022 | ≤5.3 | ≤460 |
| 20G | GB/T 5310—2017 | 无限制 | ≤460 |
| 20MnG、25MnG | GB/T 5310—2017 | 无限制 | ≤460 |
| 15MoG、20MoG | GB/T 5310—2017 | 无限制 | ≤480 |
| 12CrMoG、15CrMoG | GB/T 5310—2017 | 无限制 | ≤560 |
| 12Cr1MoVG | GB/T 5310—2017 | 无限制 | ≤580 |

注：数据取自《锅壳锅炉　第 2 部分：材料》GB/T 16508.2—2022。

|  |  | 钢材使用范围 | 表 2-3 |
| --- | --- | --- | --- |
| 材料牌号 | 材料标准 | 工作压力 $P$（MPa） | 最高工作温度 $t$（℃） |
| Q235B、Q235C | GB/T 3274—2017 | ≤1.6 | ≤300 |
| 20 | GB/T 711—2017 | ≤1.6 | ≤350 |
| Q245R | GB/T 713—2014 | ≤5.3 | ≤430 |
| Q345R | GB/T 713—2014 | ≤5.3 | — |
| 13MnNiMoR | GB/T 713—2014 | 无限制 | ≤400 |
| 15CrMoR | GB/T 713—2014 | 无限制 | ≤520 |
| 12Cr1MoVR | GB/T 713—2014 | 无限制 | ≤565 |
| 12Cr2Mo1R | GB/T 713—2014 | 无限制 | ≤575 |

注：数据取自《锅壳锅炉　第 2 部分：材料》GB/T 16508.2—2022。

为了方便热网工程师在进行热网设计时，在选材上把握分寸，列出几种常用钢材。

材料和产品性能、质量等级从低到高排列：

① F（沸腾钢）—b（半镇静钢）—Z（镇静钢，可省略）；

② Q235A—Q235B—Q235C—Q235D—Q235E；

③ 优质钢—高级优质钢 A—特级优质钢 E；

④ Q235B—20—20A；

⑤ Q235B—20—20G—（铬钼系列的或铬钼钒系列）低合金钢—不锈钢；

⑥ 无缝钢管：（GB/T 8163—2018）—（GB/T 3087—2022）—（GB/T 9948—2013）—（GB/T 5310—2017）—（GB/T 6479—2013）。

给出材料、标准的排序，目的是有利于当某材料确实不能满足热网工程的性能要求时，帮助快速寻找可满足要求的材料。热网管道常用材料仍然是 Q235B 和 20 号钢。这两种材料含碳量适中，焊接性能最好。从表 2-2 中可知，Q235B 可用于压力为 1.6MPa，温度为 0～350℃情况下。可适用于绝大多数热网工程。同时 Q235B 的价格比 20 号钢的价格低。又比如 GB/T 3087—2022 标准比 GB/T 8163—2018 标准的管道性能更好，前者是针对锅炉的标准，只有在温度接近 400℃时，选择 GB/T 3087—2022 标准才有必要。GB/T 8163—2018 标准下可达到 350℃和 1.6MPa，几乎没有能超出此范围的热网管道。只用 GB/T 3087—2022 标准，不用 GB/T 8163—2018 是不合理的。另外，钢材原料中加入锰、铬、钼、钒等合金元素后，钢的强度指标大幅度升高。同时合金元素使钢材的焊接性能下降。没有大的必要时，合金钢应尽量避免使用。同样的，无缝钢管一定比螺旋钢管更适用也是一种误解。压力管道中可根据情况使用螺旋缝焊接钢管。

2）钢材的机械性能

钢材的性能包括钢材使用性能和钢材的工艺性能。对每一种性能的详细讨论都可以出版一本专著。但作为热网技术不可能，也没有必要投入大量篇幅进行讨论。本节将只提出一些与热网技术关系较为密切的内容，对基本知识进行介绍。读者若需要更深入地研究钢材的性能，可到相关专著中查询。

钢材的工艺性能指的是对钢材进行机械加工时钢材表现出的特性。包括钢的切削性能、铸造性能、锻造性能、焊接性能和钢材的热处理性能。上述内容离本书要讨论的距离很远。唯一有关的是钢材的焊接性能。热网管道连接方式用焊接。热网管道可焊接性应当良好。低碳钢具有良好的焊接性能，如 20 号钢（含碳量 0.17%～0.24%）。含碳量增加，钢的可焊接性能变差。合金钢中的合金元素也使钢的可焊接性能变差。合金元素含量越高焊接越困难。关于钢材的焊接性能也不是本书要讨论的内容。

钢材的使用性能包括钢材的物理性能、化学性能和机械性能。本节介绍钢材的机械性能。钢材的强度、刚度、塑性、脆性、韧性、弹性、疲劳、蠕变都属于钢材的机械性能。与热网技术关系较密切的是钢材的强度理论（该方面有大量专著）。本节将对疲劳特性和蠕变稍作介绍，突出其重要性。

研究钢材的强度目的是避免产生破坏。蒸汽热网如果爆裂，后果相当严重。研究钢材强度特性的方法之一就是进行破坏性试验。钢制构件可能承受的作用包括拉伸、压缩、弯曲、扭转、剪切，以及上述作用反复发生导致的钢材疲劳。拉伸试验是材料力学中最形象最典型的方法。钢材的拉伸破坏性试验是将一件按尺寸制作的试件，放到拉伸试验机上，对试件施加拉力，直至将试件拉断。在上述过程中，试件的长度因试件受拉力而增加。初始阶段试件伸长量与受到拉力保持正比例关系。超过某个节点，拉力增加，试件伸长，但此时严格的正比例关系不成立。达到某个极限点，撤掉拉力，试件回缩，且试件长度完全恢复到试验前的数值。这两个阶段试件受拉力发生了弹性变形。前面提到的两个节点划分的试件变形阶段，前者为比例变形。对应节点所代表的试件特性值为钢材的比例极限。后一个节点的特性值为钢材的弹性极限。如图 2-2 所示是材料力学中典型的低碳钢拉伸试验应力应变图，其纵坐标 $\sigma$ 代表材料受外界作用时在材料内部形成的应力，此处为拉伸应力。钢材中的应力用式（2-1）表示：

$$\sigma = \frac{F}{A} \tag{2-1}$$

式中　$\sigma$——材料的应力，MPa；

　　　$F$——材料受到的拉力，$10^{-6}\mathrm{N}$；

　　　$A$——受拉试件的横截面积，$\mathrm{m}^2$。

图 2-2 中的横坐标 $\varepsilon$ 是材料受拉力作用后发生的应变。式（2-2）如下：

$$\varepsilon = \frac{\Delta L}{L} \tag{2-2}$$

式中　$\varepsilon$——材料的应变，无量纲；

　　　$\Delta L$——试件受拉后伸长量，m；

　　　$L$——受拉试件原来的长度，m。

图 2-2 中点 1 对应的应力 $\sigma_p$ 是材料的比例极限。

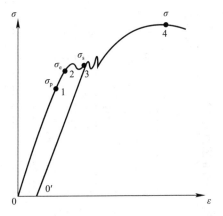

图 2-2　钢材应力应变曲线

点 2 对应的应力 $\sigma_e$ 是材料的弹性极限。试验中超过点 2 后，拉力没有明显上升，试件的长度却继续增加。若在图中的 3 点位置时刻撤掉拉力，试件将沿着 3-0′ 的轨迹下行，直至应力恢复到零。3-0′ 线与 1-0 线平行。3-0′ 段的出现说明试件被拉到点 3 位置，且不能恢复原状。试件受拉产生了塑性变形。点 3 所对应的应力 $\sigma_s$ 叫作屈服应力。点 3 之后，试验继续进行，试件长度快速增长。试件的应力也明显升高。达到顶点 4，试件中应力达到峰值。随后，试件的横截面开始收缩，应力下滑，试件最终断裂成两截。顶点 4 所对应的应力 $\sigma_b$ 为材料的强度极限。

若在图 2-2 的点 3 位置时刻停止施加拉力，撤掉拉力后，材料被拉长。此材料再次受到拉力时，起点变成 0′，并仍然沿与 0-1 平行的 0′-3 线上升。并且要超过点 3 达到稍高的点位才再次屈服。即材料发生过初次塑性变形后，其屈服点将提高。此现象为冷作硬化。钢材的机械性能表包含 $\sigma_s$ 和 $\sigma_b$ 的低位值和高位值。在热网管道强度计算中对 $\sigma_s$ 和 $\sigma_b$ 的取值有明确规定，不可随意选取。

常用碳素钢和低合金钢的机械性能见表 2-4。部分碳素钢和低合金钢钢管的机械性能见表 2-5。进行热网管道强度计算、应力计算时需使用表中数据。表中钢材的许用应力是根据钢材的屈服极限 $\sigma_s$ 和强度极限 $\sigma_b$，加入安全系数计算得出的。

钢材的机械性能除了钢材的强度之外，还包括钢材的刚度、韧性、硬度、脆性、疲劳、高温蠕变和应力状态下的腐蚀等。对于热网管道，钢材的韧性和硬度与管道应用关系

表 2-4

常用钢板的许用应力（MPa）

| 钢材牌号 | 材料标准 | $R_m$(MPa)(20℃) | $R_{eL}$(MPa)(20℃) | 温度（℃） | | | | | | | | | |
|---|---|---|---|---|---|---|---|---|---|---|---|---|---|
| | | | | 20 | 100 | 150 | 200 | 250 | 300 | 350 | 400 | 425 | 450 |
| Q235B | GB/T 3274—2017 | 370 | 235 | 136 | 133 | 127 | 116 | 104 | 95 | — | — | — | — |
| Q235C | GB/T 3274—2017 | 370 | 235 | 136 | 133 | 127 | 116 | 104 | 95 | — | — | — | — |
| 20 | GB/T 711—2017 | 410 | 245 | 148 | 147 | 140 | 131 | 117 | 108 | 98 | — | — | — |
| Q245R | GB/T 713—2014 | 400 | 245 | 148 | 147 | 140 | 131 | 117 | 108 | 98 | 91 | 85 | 61 |
| Q345R | GB/T 713—2014 | 510 | 345 | 189 | 189 | 189 | 183 | 167 | 153 | 143 | 125 | 93 | 66 |
| 13MnNiMoR | GB/T 713—2014 | 570 | 390 | 211 | 211 | 211 | 211 | 211 | 211 | 211 | 203 | — | — |
| 15CrMoR | GB/T 713—2014 | 450 | 295 | 167 | 167 | 167 | 160 | 150 | 140 | 133 | 126 | 126 | 119 |
| 12Cr1MoVR | GB/T 713—2014 | 440 | 245 | 163 | 150 | 140 | 133 | 127 | 117 | 111 | 105 | 103 | 100 |
| 12Cr2Mo1R | GB/T 713—2014 | 520 | 310 | 193 | 187 | 180 | 173 | 170 | 167 | 163 | 160 | 157 | 147 |

注：1. 板厚 δ≤16mm；
2. 数据取自《锅壳锅炉 第2部分：材料》GB/T 16508.2—2022。

表 2-5

常用钢管许用应力（MPa）

| 钢材牌号 | 材料标准 | $R_m$(MPa)(20℃) | $R_{eL}$(MPa)(20℃) | 温度（℃） | | | | | | | | | | |
|---|---|---|---|---|---|---|---|---|---|---|---|---|---|---|
| | | | | 20 | 100 | 150 | 200 | 250 | 300 | 350 | 400 | 425 | 450 | 475 |
| 10 | GB/T 3087—2022 | 335 | 205 | 124 | 124 | 118 | 110 | 97 | 81 | 74 | 73 | 72 | 61 | 41 |
| 20 | GB/T 3087—2022 | 410 | 245 | 152 | 147 | 136 | 125 | 113 | 99 | 91 | 85 | 66 | 49 | 36 |
| 20G | GB/T 5310—2017 | 410 | 245 | 152 | 152 | 152 | 143 | 131 | 118 | 105 | 85 | 66 | 49 | 36 |
| 20MnG | GB/T 5310—2017 | 415 | 240 | 154 | 146 | 143 | 139 | 131 | 122 | 115 | 105 | 78 | 58 | 40 |
| 25MnG | GB/T 5310—2017 | 485 | 275 | 180 | 168 | 163 | 158 | 151 | 140 | 134 | 118 | 85 | 59 | 40 |
| 15CrMoG | GB/T 5310—2017 | 440 | 295 | 163 | 163 | 163 | 163 | 163 | 161 | 152 | 144 | 141 | 137 | 135 |
| 12Cr1MoVG | GB/T 5310—2017 | 470 | 255 | 170 | 165 | 162 | 159 | 156 | 153 | 150 | 146 | 143 | 140 | 137 |

注：数据取自《锅壳锅炉 第2部分：材料》GB/T 16508.2—2022。

不大，本书将不进行相关介绍。钢材的脆性可能引起管道破坏，但主要是温度低于 0℃ 的压力管道和温度处于 400～500℃ 的受压管道有发生脆性破坏的危险，若遇到上述工况应当查询有关资料，防止发生意外。除了前面提到的冷脆和热脆，钢材还可能出现氢脆。钢材中含碳量越高（强度提高），以及硫和磷等杂质含量越高，发生氢脆的可能性越大。热网管道焊接若不严格执行焊工工艺，则有可能引起氢在焊缝中集聚，形成隐患。因此，没有特殊需要情况下，应选择 Q235B、20 号钢（不要用沸腾钢）。关于刚度，除了与材料的性质（钢材的弹性模量）有关，还与构件的形状、尺寸有关。将在后面相关章节介绍。

疲劳破坏：

当材料承受交变应力或发生循环应变，达到一定循环次数以后，材料产生裂纹，继而材料断裂。这种现象称为材料的疲劳破坏。

热网中的介质温度，尤其是蒸汽管网中蒸汽温度很难保持不变。如一些以日为单位间歇运行的用户，管道每天发生一次大幅度温度变化。此外在管道运行中，还会发生小幅度的温度变化。每年热网检修期间，热网管道温度也将发生一次满幅度的变化。因此，蒸汽管网中设置金属波纹管补偿器，其目的是消化热网温度变化引起的管道长度变化。如果热网补偿器金属波纹管发生疲劳破坏，波纹管开裂，蒸汽外溢，将对热网造成十分严重的破坏。但这种疲劳破坏发生之前毫无征兆，无法在事故发生前进行干预，阻止事故发生。钢材发生疲劳破坏有两个必要条件：其一是材料承受的应力超过某个限度，其二是应力循环变化超过一定的次数。

掌握了钢材发生疲劳破坏的机理，就可以有针对地采取相应措施。关于材料承受应力的强度，可以在管道管件选材上予以考虑，不同材料承受应力的能力是不一样的。控制热网介质温度可以控制管道承受的应力水平，该部分内容将在本书强度计算章节进行详细论述。管道壁厚度也是保障热网安全的重要参数。与之相关的极重要的一点是防止管网中出现应力集中。应力集中可因受力断面缩小而发生。如管网三通形成管道侧面开孔使总壁断面积大幅度缩小，弯头加工使背部管壁减薄，安装过程出现管道短缺，随手用薄壁短管顶替填补缺口，都会引起应力集中。对承载且薄弱的部位补强可有效防止应力超限。由应力超限引发热网管道发生疲劳破坏完全可以预防。在本书后面章节讨论热网补偿技术时，将专门介绍通过控制补偿器循环变化次数的方法保护金属波纹管，避免补偿器发生疲劳破坏。

最后，关于钢材的与热网有关的机械性能，需要关注钢材的蠕变。顾名思义，钢材的蠕变指的是出现了钢材像"毛毛虫"一样"蠕动"的现象。在高温、高应力条件下，钢材长时间承受作用，极缓慢地发生塑性变形的现象称为蠕变。碳素钢温度超过 300～350℃，合金钢温度超过 400～450℃ 时，如果钢材还长时间承受高应力，将会发生蠕变。由表 2-4 和表 2-5 可知，随着温度升高，各种钢材的许用应力都呈下降趋势。在 20～300℃ 区间，钢材许用应力平缓下降，300～475℃ 区间，钢材的许用应力下降幅度增加。

3）钢材的物理性能

与热网管道有关的钢材物理性能主要包括如下几项：

$\rho$——密度，$kg/m^3$；

$\lambda$——导热系数，$W/(m \cdot ℃)$；

$C$——比热容，$J/(kg \cdot ℃)$；

$\alpha$——线膨胀系数，m/(m·℃)；

$E$——弹性模量，MPa；

$\nu$——泊松比，无量纲。

上述各项物理性质在后续章节要用到，本节只给出数据，不开展详细讨论。常见钢材相关物理量的量值见表 2-6。钢材的上述特性量值都是温度的函数。为方便计算，表 2-7～表 2-9 给出低碳钢的线膨胀系数和弹性模量在不同温度下的量值。$\alpha$ 和 $E$ 与温度 $t$ 函数关系式见式（2-3）和式（2-4）。

$$\alpha = 0.01083 + 7.000 \times 10^{-6} t \tag{2-3}$$

$$E = E_0 \left[ 1 - \left( \frac{t}{945} \right)^2 \right] \tag{2-4}$$

式中　$\alpha$——低碳钢的线膨胀系数，mm/(m·℃)；

　　　　$E$——低碳钢的弹性模量，MPa；

　　　　$E_0$——常温下低碳钢的弹性模量值，为 $20.1 \times 10^4$ MPa；

　　　　$t$——钢材温度，℃。

**常见钢材的物理性质**　　表 2-6

| 钢材牌号 | 密度 $\rho$ ($10^3$ kg/m³) | 熔点 (℃) | 弹性模量 $E$ (常温下) (MPa) | 泊松比 $\nu$ (常温) | 导热系数 $\lambda$ [W/(m·℃)] | 线性膨胀系数 $\alpha$ (常温) [$10^{-3}$ mm/(m·℃)] |
|---|---|---|---|---|---|---|
| Q235 | 7.86 | 1468 | 212000 | 0.288 | 61.13（200℃） | 12.04 |
| 10 | 7.86 | 1450 | 210349 | 0.27 | 44.00（100℃） | 12.63 |
| 15 | 7.85 | 1400 | 212801 | 0.29 | 40.00（100℃） | 11.87 |
| 20 | 7.8 | 1450 | 212703 | 0.28 | 45.00（100℃） | 11.92 |
| 20G | 7.86 | 1472 | 209000 | 0.283 | 47.73（200℃） | 12.26 |
| 35 | 7.86 | 1395 | 212213 | 0.29 | 46.00（100℃） | 12.45 |
| 16MnR | 7.85 | 1450 | 209000 | 0.28 | 37.14（200℃） | 12.55 |
| 16MnL | 7.8 | 1490 | 212000 | 0.31 | 40.95（200℃） | 12.79 |
| 16MnG | 7.85 | 1435 | 208000 | 0.268 | 23.36（100℃） | 13.66 |
| 16MnCr5 | 7.89 | 1445 | 211000 | 0.28 | 41.00（100℃） | 12.59 |
| 20Cr | 7.83 | — | 210100 | 0.3 | 50.66（200℃） | 13.56 |
| 15CrMo | 7.88 | 1440 | 212000 | 0.284 | 46.05（198℃） | 13.37 |
| 15Cr2Mo | 7.88 | 1445 | 212801 | 0.28 | 36.10（200℃） | 13.15 |
| 20MnVB | 7.87 | — | 207400 | 0.47 | — | 11.2 |
| 20Cr2MoV | 7.86 | 1400 | 211330 | 0.3 | 32.00（100℃） | 11.85 |
| 12CrNi3A | 7.84 | — | 211820 | 0.3 | 37.00（100℃） | 11.95 |
| 12Cr2Ni4 | 7.84 | — | 207407 | 0.3 | 32.00（100℃） | 12.89 |
| 12Cr3MoVTiB | 7.78 | 1400 | 217704 | 0.27 | 29.00（100℃） | 12.16 |

注：1. 数据取自《压力管道技术》（中国石化出版社，2006）；
　　2. 钢材的比热容可取 460J/(kg·℃)。

**低碳钢管的线膨胀系数 $\alpha$ [$10^{-6}$ m/(m·℃)]**　　表 2-7

| 计算温度（℃） | 100 | 120 | 140 | 160 | 180 | 200 | 220 | 240 |
|---|---|---|---|---|---|---|---|---|
| 线膨胀系数 | 11.53 | 11.67 | 11.81 | 11.98 | 12.10 | 12.24 | 12.38 | 12.51 |
| 计算温度（℃） | 260 | 280 | 300 | 320 | 340 | 360 | 380 | 400 |
| 线膨胀系数 | 12.64 | 12.77 | 12.90 | 13.04 | 13.17 | 13.31 | 13.45 | 13.58 |

钢管弹性模量 $E$（$10^4$ MPa）　　　　表 2-8

| 材料类别 | 温度（℃） | | | | | | | |
|---|---|---|---|---|---|---|---|---|
| | 20 | 100 | 150 | 200 | 250 | 300 | 350 | 400 |
| 碳素钢、碳锰钢 | 20.1 | 19.7 | 19.4 | 19.1 | 18.8 | 18.3 | 17.8 | 17 |
| 锰钼钢、镍钢 | 20 | 19.6 | 19.3 | 19 | 18.7 | 18.3 | 17.8 | 17 |
| 铬（0.5%～2.0%）钼（0.2%～0.5%）钢 | 20.4 | 20 | 19.7 | 19.3 | 19 | 18.6 | 18.3 | 17.9 |
| 铬（2.25%～3.0%）钼（1%）钢 | 21 | 20.6 | 20.2 | 19.9 | 19.6 | 19.2 | 18.8 | 18.4 |

注：数据取自《锅壳锅炉　第 2 部分：材料》GB/T 16508.2—2022。

低碳钢线膨胀系数、弹性模量及其乘积　　　　表 2-9

| 计算温度（℃） | 100 | 120 | 140 | 160 | 180 | 200 | 220 | 240 |
|---|---|---|---|---|---|---|---|---|
| 线性膨胀系数 $\alpha$ [$10^{-6}$ m/(m·℃)] | 11.53 | 11.67 | 11.81 | 11.95 | 12.09 | 12.23 | 12.37 | 12.51 |
| 弹性模量 $E$（$10^4$ MPa） | 19.87 | 19.78 | 19.66 | 19.52 | 19.37 | 19.20 | 19.01 | 18.80 |
| 线性膨胀系数与弹性模量的乘积 $E\alpha$（MPa/℃） | 2.29 | 2.31 | 2.32 | 2.33 | 2.34 | 2.35 | 2.35 | 2.35 |
| 计算温度（℃） | 260 | 280 | 300 | 320 | 340 | 360 | 380 | 400 |
| 线性膨胀系数 $\alpha$ [$10^{-6}$ m/(m·℃)] | 12.65 | 12.79 | 12.93 | 13.07 | 13.21 | 13.35 | 13.49 | 13.63 |
| 弹性模量 $E$（$10^4$ MPa） | 18.58 | 18.34 | 18.07 | 17.80 | 17.50 | 17.18 | 16.85 | 16.50 |
| 线性膨胀系数与弹性模量的乘积 $E\alpha$（MPa/℃） | 2.35 | 2.35 | 2.34 | 2.33 | 2.31 | 2.29 | 2.27 | 2.25 |

注：表中数值由式（2-3）和式（2-4）计算得出。

4）铝合金

铝合金是仅次于钢材在热网中广泛应用的金属材料，呈银白色且易于获得。铝合金易于加工，有极好的延展性，可制成极薄的箔材。可切、可弯、可钻、可焊。熔点 600℃，不燃且不易被雨水、酸性气体等腐蚀。铝合金比钢铁重量轻，且具有足够高的强度，在架空管网中用来卷制保温外套。作外套管的铝板厚度为 0.5～2mm。

铝可以制成表面极光亮的箔。在 200～300℃下辐射发射率可以低至 0.05 左右，而氧化的钢在该条件下辐射发射率高达 0.9 以上。铝由于具有这一特性常被用来作保温材料，降低辐射传热。热网中采用的铝箔要求纯度达到 99.6% 以上，厚度为 0.04～0.05mm。但隔绝辐射热的铝箔不可着色，也不可有涂层。此外，使用温度应控制在 350℃ 以下，温度过高将导致铝箔表面变黑，防辐射功能丧失。褶皱也将破坏铝箔的防辐射功能。铝合金的强度因牌号不同差异很大。纯铝的强度极限 $\sigma_b$ 为 80～100MPa。部分铝合金的强度仅为 40MPa，但也有一些铝合金强度高达 300MPa。铝合金没有明显的屈服点，不适用屈服极限指标。铝合金的物理性能为：密度 $\rho = 2700$ kg/m³，比热容 $C = 929$ J/(kg·℃)，导热系数 $\lambda = 230$ W/(m·℃)，反光率 $\rho = 83\%$，阳光辐射吸收率 $\alpha = 17\%$。

**2. 非金属材料**

非金属材料中与热力管道有关的主要是工程塑料，与金属材料尤其是与钢材比，工程塑料有鲜明的特性：

（1）抗腐蚀。这是与钢材相比最突出的特点。

（2）强度大。可用于承压管道，外防护管道。

（3）摩擦系数低。可用作水管，沿程阻力较钢管小。

（4）材料易获得，易加工，可实现热熔焊接。

（5）与钢材相比价格低，密度低。

（6）耐热性较钢材低。

（7）强度、刚度一般都不如钢材。

（8）线膨胀系数较钢材大得多。

（9）比钢材差的另一个特点是存在老化问题，不能耐受日照。

常用的工程塑料主要是高密度聚乙烯。此外，聚四氟乙烯，聚丙烯，低密度聚乙烯，耐热聚乙烯，聚丁烯等也有应用。

1）高密度聚乙烯

聚乙烯制品是由单体乙烯聚合而成。聚合的方法包括高压，中压和低压三种方法。采用低压聚合方法生成的是低压高密度聚乙烯（HDPE），与之对应的是高压低密度聚乙烯（LDPE）。在热力管道中高密度聚乙烯多用来制作保温防腐外壳。高密度聚乙烯的性能见表 2-10。

高密度聚乙烯的性能

表 2-10

| 性能 | 指标 | 性能 | 指标 |
|---|---|---|---|
| 密度 $\rho$（kg/m³） | 940～950 | 吸水率（%） | <0.01 |
| 线膨胀系数 $\alpha$ $[10^{-5}\text{m/(m·℃)}]$ | 12.6～16 | 燃烧性能 | 可燃，缓慢 |
| 抗拉强度 $\sigma_b$（MPa） | 21～24 | 硬度（肖氏） | 60～70 |
| 拉伸弹性模量 $E$（$10^3$MPa） | 0.12～0.93 | 脆性温度（℃） | −70 |
| 软化点（℃） | 120 | 冲击韧性（J/cm³） | ≥0.9 |
| — | — | 导热系数 $\lambda$ $[\text{W/(m·℃)}]$ | 0.41 |

聚乙烯材料在制成管道之前为白色颗粒。作为外壳使用时为了提高耐日晒抗紫外线能力，在聚乙烯中混入少量碳黑，所制成的外壳管呈墨黑色。无论作为外管道还是管道衬里，其使用温度应不低于−70℃，且不高于 100℃。当作为保温管道外壳时，还应满足一项指标，即其拉伸断裂延伸率应大于 350%。

2）聚四氟乙烯

聚四氟乙烯是各种有机塑料中的佼佼者，有"塑料之王"之称，具有极高的耐腐蚀性能。此外，在现有塑料种类中，聚四氟乙烯是耐温性能最优秀的，可耐受范围为−270～260℃，可长期工作在−196～180℃。聚四氟乙烯与钢材发生相对滑动时，摩擦系数为0.1。在热网中常用作减小摩擦阻力的管道支座衬垫。其缺点为与其他材料接合粘接性极差。还存在加工困难，刚度、强度不太高，冷态蠕变等弱点。此外，其价格较高也限制了在热网管道中的广泛应用。聚四氟乙烯的性能见表 2-11。

**聚四氟乙烯的性能**　　表 2-11

| 性能 | 指标 | 性能 | 指标 |
|---|---|---|---|
| 密度 $\rho$（$kg/m^3$） | 2100～2300 | 吸水率（%） | <0.005 |
| 线膨胀系数 $\alpha$（0～50℃）[$m/(m \cdot ℃)$] | $1.23 \times 10^{-4}$ | 燃烧性能 | 自熄 |
| 线膨胀系数（50～100℃）[$m/(m \cdot ℃)$] | $1.34 \times 10^{-4}$ | 硬度（布氏） | 44.5 |
| 线膨胀系数（100～150℃）[$m/(m \cdot ℃)$] | $1.37 \times 10^{-4}$ | 导热系数 [$W/(m \cdot ℃)$] | 0.14 |
| 抗拉强度 $\sigma_b$（MPa） | ≥16 | 滑动摩擦系数 PTFE-PTFE | 0.04 |
| 拉伸弹性模量 $E$（$10^3$MPa） | 0.4 | 滑动摩擦系数 PTFE-钢 | 0.1 |
| 晶体熔点（℃） | 327 | 抗冲击韧性（$J/cm^2$） | 2.4 |

3）聚丙烯（PP）

聚丙烯由单体丙烯聚合而成，其价格比聚四氟乙烯便宜，强度比聚四氟乙烯高，常单独制成输送介质用的管道，如市场上常见的三型聚丙烯（PPR）管。其耐热性虽不如聚四氟乙烯，但比聚乙烯更耐热。聚丙烯管道可长期耐受 120℃，低温环境中易变脆，老化且不耐磨。聚丙烯的性能见表 2-12。

**聚丙烯的性能**　　表 2-12

| 性能 | 指标 | 性能 | 指标 |
|---|---|---|---|
| 密度（$kg/m^3$） | 900～910 | 吸水率（%） | <0.03～0.04 |
| 线膨胀系数 $\alpha$ [$10^{-4}m/(m \cdot ℃)$] | 1.08～1.112 | 燃烧性 | 自熄 |
| 抗拉强度 $\sigma_b$（MPa） | 35～40 | 硬度（肖氏） | 60～70 |
| 拉伸弹性模量 $E$（$10^3$MPa） | 1.08～1.57 | 抗冲击韧性（$J/cm^2$） | 0.22～0.5 |
| 耐热温度（℃） | 120 | 导热系数 $\lambda$ [$W/(m \cdot ℃)$] | 0.24～0.38 |

4）聚丁烯（PB）

聚丁烯是一种无味、无毒、可再生利用的材料，广泛地用来制作各种用途的管材。聚丁烯适用温度范围为 -30～100℃，极端情况最高可耐受 110℃，可在 95℃以下长期工作。该材料柔韧性好，可制成半径 6D 的曲管。还具有抗冻性好，耐老化，抗腐蚀，不结垢，寿命长的特点，已有服役 50 年的记录。聚丁烯材料表面粗糙度只有 7μm，用于输水时系统阻力小。该材料可用于供水管道，室内室外供暖热水管道和温泉水输送管道。此外，聚丁烯还具有良好的耐磨性能，作为管道可采用热熔法进行对接。聚丁烯的材料性能见表 2-13。

**聚丁烯的性能**　　表 2-13

| 性能 | 指标 | 性能 | 指标 |
|---|---|---|---|
| 密度 $\rho$（$kg/m^3$） | 930 | 导热系数 $\lambda$ [$W/(m \cdot ℃)$] | 0.22 |
| 线膨胀系数 $\alpha$ [$m/(m \cdot ℃)$] | $0.13 \times 10^{-3}$ | 耐热温度（℃） | -30～95 |
| 弹性模量（MPa） | 350 | — | — |

5）耐热聚乙烯（PE-RT）

耐热聚乙烯是中密度聚乙烯与辛稀聚合成的有机材料，21 世纪开始进入市场。早期产品为 PE-RT1，经过改进又推出了 PE-RT11 型，性能更为优越。PE-RT 具有很多聚乙烯产品优秀的共性，尤其在耐热方面性能更为突出。广泛用于供热管道，具有表面光滑，不结垢，不生菌，无味，无毒的特点，可输送饮用水、温泉水。此外，也广泛应用于地板辐射供暖的盘管和建造供暖用庭院管网。

和聚丁烯相同的是，耐热聚乙烯柔韧性也较好，最小卷曲半径可达 $5D$。在 $250\sim260℃$ 下可采用承插方式连接管与管，管与管件。在 $210\sim220℃$ 下可采用对接方式实现管-管接合。在 $0.4MPa$ 压力，不高于 $70℃$ 的水温运行情况下，其使用寿命预期可达 $50$ 年。耐热聚乙烯的性能见表 2-14。

耐热聚乙烯的性能　　　　　　　　　　　　　　　表 2-14

| 性能 | 指标 | 性能 | 指标 |
|---|---|---|---|
| 密度 $\rho$（kg/m³） | 940～950 | 熔点（℃） | 131 |
| 线膨胀系数 $\alpha$ [m/(m·℃)] | — | 软化点（℃） | 120～125 |
| 弹性模量 $E$（MPa） | — | 热变形（0.46MPa）（℃） | 49～74 |
| 导热系数 $\lambda$ [W/(m·℃)] | — | 断裂伸长率（%） | 50～60 |
| 耐受温度（℃） | 100 | 强度极限 $\sigma$（MPa） | 8～24 |

**3. 保温材料**

热网管道与工业管道比较，后者更强调安全性。而热网管道相对于工业管道的管道长度更长。介质在热网管道中运输的距离远，消耗的时间长，因而沿途散失的热量多。故管道的保温效果在整个管网中的权重比工业管道要大得多。提升保温效果，保温材料的性质十分重要，用于热网管道的保温材料应当具备如下性质：

（1）具有优良的保温绝热性能。

（2）易于获得。

（3）价格便宜。

（4）对人体无毒无害，对环境无污染破坏，对管道设备无腐蚀。

（5）不容易老化变质。

（6）对自然环境的影响有承受能力。

（7）对人类活动的影响有承受能力。

（8）对搬运、装卸、长途运输有承受能力。

从业人员需要根据上述条件选择合适的材料用于热网保温。但很难找到一种材料同时具有上述所要求的特性。如何取舍，以及如何组合搭配，以获得最佳保温效果，就要求从业人员深入了解各种材料的特性，搭配出性价比最高的热网管道保温结构。

1）硬质聚氨酯泡沫

硬质聚氨酯泡沫是常规保温材料中性价比最高的一种有机保温材料，在热网保温中的应用最为广泛。

硬质聚氨酯泡沫是用异氰酸酯和多元醇混合反应生成的低密度、多孔泡、有形状的材料。异氰酸酯俗称"黑料"，多元醇俗称"白料"。两种原料都是液体，混合并经过化学反应后变成固体。硬质聚氨酯泡沫的特征是整块物体全部由泡孔构成，其中有 $80\%\sim90\%$ 甚至更多的泡是封闭的，这是与多数保温材料的一个重要区别。聚氨酯的泡沫细小且封闭，泡内泡外的气体不能相互流动。衡量一种保温材料性能的重要指标是看其导热系数是否足够低（铝箔除外）。保温材料是多孔隙材料，其隔热原理无外乎是让骨架尽量纤细，弱化热桥。另外的功能就是阻隔空气（气体）流动，弱化对流传热强度。

硬质聚氨酯泡沫闭孔特性的另一项功能是不透水和潮气。水的导热系数约为 0.65W/(m·℃)，干燥的玻璃棉在同等环境下导热系数为 0.038W/(m·℃)。前者是后者的 17 倍，即保温材料吸水或受潮会明显破坏材料的保温性能。硬质聚氨酯泡沫的闭孔特性使其避免了水对保温性能的破坏性干扰，在热网工程中这一点非常重要。因此硬质聚氨酯泡沫在热网管道保温中具有难以替代的地位。

在管道保温中，无论采用喷涂方法发泡还是灌注方法发泡，硬质聚氨酯泡沫都可以充满所有保温空间，这一点也是其他保温材料难以做到的。

硬质聚氨酯泡沫的原料相互混合经化学反应之后，形成非常黏稠的物质，在固化之前具有很高的黏性。采用灌注法制造保温管道，所述黏稠物质将所接触的管道表面以及其他种类保温材料粘牢，固化后形成一个不可拆分的整体。密度 60kg/m³ 的硬质泡沫与所粘牢的管道的剪切强度可达到 12kPa。这使得业界开发无补偿直埋敷设热网保温管道技术成为可能。硬质聚氨酯泡沫的机械性质和物理性质见表 2-15。

**硬质聚氨酯泡沫的机械性质和物理性质**　　　　表 2-15

| 性能 | 指标 | 性能 | 指标 |
|---|---|---|---|
| 密度（kg/m³） | 60 | 尺寸变化率（70℃，48h）（%） | ≤1 |
| 导热系数（常温）[W/(m·℃)] | 0.024 | 吸水率（%） | ≤3 |
| 抗压强度（kPa） | 300 | 水蒸气透过率 [ng/(Pa·m·s)] | ≤5 |
| 抗剪强度（kPa） | 12 | 抗渗性（1000mmH₂O·24h·mm） | ≤5 |
| 闭孔率（%） | 90~95 | 使用温度，普通型（℃） | −110~140 |
| 断裂延伸率（%） | >10 | 使用温度，高温型（℃） | ≤165 |

注：数据取自《喷涂聚氨酯硬泡体保温材料》JC/T 998—2006。

在低温保冷管道中，硬质聚氨酯泡沫具有不可替代的性能，可在 −100℃ 的条件下工作。在保热领域，早期硬质聚氨酯泡沫用在 80~100℃ 以下的场合，随着技术发展，硬质聚氨酯泡沫使用温度上限逐渐提升到 120℃ 和 140℃。目前市场中该材料耐热上限已达到 165℃，远期的目标值是 180℃。

硬质聚氨酯泡沫在密度 40kg/m³ 时的导热系数最低。因为要兼顾管道承压功能和使用年限，保温管中的硬质聚氨酯泡沫的密度取 60kg/m³。采用灌注方法发泡，在泡沫外围由原料形成一层硬壳，硬壳没有泡孔。因此加工保温管投料量比按密度 60kg/m³ 计算的用料量要高，生产环境温度越低投料量越高。

聚氨酯属于有机材料，可燃，使用时应予以注意。例如在管廊中敷设的热网管道，且保温管采用硬质聚氨酯泡沫时，必须在原料中加入阻燃剂，达到相关设计规范要求的耐火等级。室外热网中直埋地下的保温管没有燃烧的可能性，可使用非阻燃的常规材料。架空敷设的保温管，采用机械卷制的完整的金属套管，也没有燃烧的风险。

聚氨酯原料中的"黑料"（异氰酸酯）可引起人体呼吸系统过敏，尤其不能接触眼睛。作业时应采取必要的保护。

硬质聚氨酯泡沫的导热系数计算公式（参考）：

聚氨酯泡沫（PUR）（$\rho = 45 \sim 55 \text{kg/m}^3$）：

$$\lambda = 0.023 + 0.000122(t_m - 25) + 3.51 \times 10^{-7}(t_m - 25)^2$$

聚异氰脲酸酯（PIR）（$\rho = 40 \sim 50 \text{kg/m}^3$）：

$$\lambda = 0.029 + 0.000118(t_m - 25) + 3.39 \times 10^{-7}(t_m - 25)^2$$

注：$t_m$ 是聚氨酯泡沫保温层的内外层平均温度。

2）微孔硅酸钙

热力管道上使用的微孔硅酸钙保温材料是瓦状固体。用几块同规格的瓦可以拼接成内外同心的圆形，适合包在蒸汽管道外层。瓦的轴向长度为 600mm，瓦的径向厚度为 30mm，40mm，最厚不超过 90mm。热网管道上使用的微孔硅酸钙瓦主要成分是氧化钙和二氧化硅。所组成的结晶硅酸钙水合物叫作托贝莫来石（$5CaO \cdot 6SiO_2 \cdot 5H_2O$）。长期使用时耐受温度上限为 650℃。其中，Ⅰ型材料密度为 170kg/m³，Ⅱ型材料密度为 200～240kg/m³。

微孔硅酸钙瓦（表 2-16）多孔，可吸水，有固定的形状，能承受一定压力。用于水平蒸汽管道时，有足够的强度用以支撑蒸汽管道，不需要另外配置蒸汽管道的支撑构件。密度为 200kg/m³ 的硅酸钙瓦抗压强度 $\sigma = 0.5 \text{MPa}$。

微孔硅酸钙瓦常温下含有少量水分，升温后，内部所含水分蒸发，微孔硅酸钙瓦将发生干缩。温度由常温升高到 650℃，线收缩率小于或等于 2%。

在干燥环境中硅酸钙对金属无腐蚀性。硅酸钙吸水后溶解出来的物质是碱性的，对钢材不构成腐蚀性。溶出物中可能含少量氯离子，可对热网波纹管补偿器的波纹管金属（奥氏体不锈钢）造成腐蚀破坏。

微孔硅酸钙瓦主要成分是无机物，无可燃性，无毒。微孔硅酸钙瓦浸泡在水中可大量吸水，但形状仍可保持不变。烘干后保温性能可以恢复，不影响使用。

在热网管道上如果使用微孔硅酸钙瓦作为单一保温材料时，应设置两层或两层以上。通过错缝包扎以减少瓦块之间缝隙引起的附加热损失，但不能完全消除缝隙对保温效果的负面影响。如果用瓦与纤维类棉毡保温材料组合使用，瓦在内层，棉毡在外层，对减少缝隙附加散热损失是有益的。同时还可以减轻单纯使用纤维棉毡塌陷失形的弊端。当然，在蒸汽保温管上采用内瓦-外泡的形式，即微孔硅酸钙瓦与硬质聚氨酯泡沫的组合，其优势更加突出。有强度有弹性有韧性的硬质泡沫在生成泡沫过程中产生很大压力，使稍显松散的微孔硅酸钙瓦保温层被黏稠的有压泡沫压实，之后泡沫与瓦块粘牢成为整体。热网管道受热膨胀时也不会使瓦与瓦之间的缝隙增大，瓦的缝隙附加热损失不存在。聚氨酯泡沫防水性能好，使微孔硅酸钙瓦保持干燥，不存在受潮后导热系数升高的弊端。与此同时，耐高温的微孔硅酸钙瓦阻止了高温对泡沫层的破坏。

| | | 微孔硅酸钙瓦的性质 | 表 2-16 |
|---|---|---|---|

| 性能 | Ⅰ型 | Ⅱ型 |
|---|---|---|
| 密度（kg/m³） | 170 | 220 |
| 抗压强度（MPa） | ≥0.40 | ≥0.65 |

| 性能 | Ⅰ型 | Ⅱ型 |
| --- | --- | --- |
| 抗折强度（MPa） | ≥0.20 | ≥0.33 |
| 质量含水率（%） | ≤7.5 | |
| 尺寸稳定性（%） | <1.0 | |
| 线收缩率（受热）（%） | ≤2.0 | |
| 最高使用温度（℃） | 650 | 1000 |
| 燃烧性 | 不燃 | |

微孔硅酸钙瓦的导热系数公式（参考）：

$\rho=170\mathrm{kg/m^3}$：　$\lambda=0.0479+1.0185\times10^{-4}t_m+9.65015\times10^{-11}t_m^2$　[W/(m·℃)]

$\rho=200\mathrm{kg/m^3}$：　$\lambda=0.0564+7.786\times10^{-5}t_m+7.8571\times10^{-8}t_m^2$　[W/(m·℃)]

注：$t_m$ 是微孔硅酸钙瓦的内外表面温度平均值。

3）玻璃纤维

玻璃纤维在热网工程中广泛应用于蒸汽管道的保温。

玻璃纤维的直径为 $5\sim8\mu m$，直径越小，保温性能越好，使用时对工作人员皮肤的刺激越小。

玻璃纤维中玻璃棉的密度包括 $20\mathrm{kg/m^3}$、$32\mathrm{kg/m^3}$、$38\mathrm{kg/m^3}$、$48\mathrm{kg/m^3}$、$56\mathrm{kg/m^3}$、$64\mathrm{kg/m^3}$、$80\mathrm{kg/m^3}$ 及 $96\mathrm{kg/m^3}$。其中密度为 $48\mathrm{kg/m^3}$ 时保温性能最好。在 20℃及干燥状态下导热系数为 0.033W/(m·℃)。在常规保温材料中，其保温性能较好，导热系数公式如下：

$\rho=48\mathrm{kg/m^3}$：　$\lambda=0.041+0.00017(t_m-70)$　[W/(m·℃)]

$\rho=40\mathrm{kg/m^3}$：　$\lambda=0.046+0.00017(t_m-70)$　[W/(m·℃)]

玻璃棉吸潮含有水分之后，导热系数升高（图 2-3）。

超细玻璃棉纤维直径小于 $4\mu m$，保温性能优于普通玻璃棉。

玻璃棉毡的最高使用温度可以达到 400℃。

无碱玻璃棉性能稳定，碱金属氧化物在高温下会发生裂化导致玻璃棉纤维粉化。250℃以上中碱玻璃棉已不能长期工作。

玻璃纤维本体是无机材料，不燃。玻璃棉毡，玻璃棉管壳，在加工过程中加入了胶粘剂，是有机物，可被引燃，也可自燃。玻璃棉的性能见表 2-17。

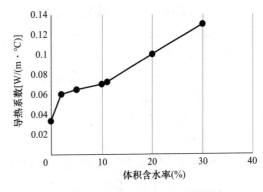

图 2-3　玻璃棉吸水对导热系数影响

| 玻璃棉的性能 | | | | 表 2-17 |
| --- | --- | --- | --- | --- |
| 名称 | 纤维直径（$\mu m$） | 密度（$\mathrm{kg/m^3}$） | 常温下导热系数 [W/(m·℃)] | 使用温度（℃） |
| 无碱超细玻璃棉 | <4 | 20 | 0.033～0.035 | <600 |
| 有碱超细玻璃棉 | <4 | 20 | 0.033～0.035 | <400 |

| 名称 | 纤维直径（μm） | 密度（kg/m³） | 常温下导热系数［W/(m·℃)］ | 使用温度（℃） |
|---|---|---|---|---|
| 普通玻璃棉 | <15 | 80~100 | 0.0523 | <300 |
| 中级玻璃棉 | 15~25 | 80~100 | 0.0581 | <300 |

注：数据取自《绝热工程技术手册》（中国石化出版社，1997）。

和微孔硅酸钙瓦不同，玻璃棉毡不是固体。微孔硅酸钙瓦的抗压强度，抗剪强度等指标，玻璃棉毡并不具备。玻璃棉毡具有的"厚度"，是在玻璃棉毡不承重的情况下才展现出来。蒸汽管网温度较高，管道保温层厚度达到 200mm 以上。保温材料的自重就足以使其自身变形。检查水平管道的横截面，初期，保温材料的横截面是同心环形，后期，该截面变成梨形。管顶棉毡压实变薄，管底的棉毡下坠，与管底脱离，管两侧棉毡被拉紧伸长，淋过雨的保温棉毡下坠更严重。地下管道如果被水浸泡，可造成保温棉脱落。更有甚者，雨水灌入埋地蒸汽保温管保温夹层，迅速汽化，形成有压蒸汽。蒸汽沿着与进水方向相反的路径喷出，保温棉随着蒸汽一起"飞"到管外，管道保温层彻底消失。根据热网管道所在的环境，需要结合纤维棉毡的特点，只看到玻璃棉毡物美价廉光鲜的一面是不够的，复合保温方式或许是合理利用玻璃棉毡的最好途径。

4）硅酸铝纤维

硅酸铝棉毡和玻璃棉毡都属于纤维类保温材料。硅酸铝棉毡的原料中有耐火材料，生产成本高。硅酸铝棉毡正常的使用温度范围在 800℃以上，已远远超出了热网介质的温度范围。600℃以下玻璃纤维应当是主要角色，但实际情况中 250~300℃区间玻璃棉纤维粉化严重，于是硅酸铝棉毡"被拉进"热网管道保温材料的行列。

硅酸铝棉毡的纤维直径为 2~5μm，纤维长度为 40~150mm。最高使用温度可达到 1600℃，在同等环境下导热系数比玻璃棉高。

硅酸铝棉毡的导热系数公式（参考）如下：

$\rho = 96 \sim 200 \text{kg/m}^3$，平均温度 $t_m < 400℃$时

$$\lambda = 0.044 + 0.0002 (t_m - 70) \quad [\text{W/(m·℃)}]$$

相近的还有硅酸镁棉毡，使用温度低于 700℃。其导热系数（参考）如下：

$\rho = 100 \sim 130 \text{kg/m}^3$

$$\lambda = 0.0397 - 2.741 \times 10^{-6} t_m + 4.526 \times 10^{-7} t_m^2 \quad [\text{W/(m·℃)}]$$

5）岩棉

岩棉也属于纤维类保温材料。用天然岩石熔融后抽丝制成。岩棉纤维的直径为 4~7μm，纤维直径越小，保温性能越好。

和玻璃棉、硅酸铝棉类似，岩棉毡也不能承压。软质岩棉棉毡厚 41mm，密度为 11kg/m³，施加 87Pa 的压力后，厚度变为 17mm。经测试和对比计算，其热阻由 0.8(m·℃)/W 下降到 0.372(m·℃)/W。

岩棉毡和玻璃棉毡另一个共性问题是使施工作业人员的皮肤具有刺痒感。对此，一种解决途径是减小纤维直径（$D < 4μm$），可减轻对人体皮肤的刺激。另一个途径是制成管壳，减少作业环节，减少接触皮肤的机会。但这两种措施都使制品成本上升，抵消了纤维类保温材料价格低廉的优势。岩棉毡的密度范围是 80~150kg/m³，使用温度为 -268~

400℃，其导热系数公式（参考）如下：

岩棉毡：$\rho=80\sim130kg/m^3$，$t_m=100\sim700℃$

$\lambda=0.0407+2.52\times10^{-5}t_m+3.34\times10^{-7}t_m^2$　　$[W/(m\cdot℃)]$

岩棉管壳：$\rho=100\sim150kg/m^3$

$t_m<100℃$，$\lambda=0.044+0.000174t_m$　　$[W/(m\cdot℃)]$

$t_m=100\sim700℃$，$\lambda=0.0384+7.13\times10^{-5}t_m+3.51\times10^{-7}t_m^2$　　$[W/(m\cdot℃)]$

6）纳米孔气凝胶

纳米孔气凝胶是一种新型保温材料。气凝胶由二氧化硅加工得到，制成的二氧化硅颗粒孔径从 1nm 到 100nm。材料的密度为 $0.1\sim1kg/m^3$。材料质量小，比表面积极大，达到 $200\sim1000m^2/g$。

根据传热学原理，热量通过导热、对流和辐射三种方式传送。在常规保温材料内部，上述三种传热方式都存在。传统保温材料相对纳米孔气凝胶的孔径，常规材料的孔隙尺寸要大 4～5 个数量级。空气分子的自由程是 70nm。在传统保温材料中，孔隙尺寸远远大于空气分子的自由程，其中的空气能够作对流运动，相应地发生对流传热。纳米孔气凝胶中大部分孔径小于 70nm。当孔径小于 50nm 时，空气分子就"凝固"了，失去传热功能。孔壁导热传热热桥的"桥面"极狭窄，导热传热极为困难。孔径小，比表面积大，对于辐射传热来说，射线被反射的次数多。辐射传热被限制，这使得纳米孔气凝胶可以比空气的导热系数还低。

纳米孔气凝胶是极细微的粉末。在管道保温中，纳米孔气凝胶粉末填充到特制的玻璃纤维棉毡中。像常规玻璃棉毡一样用于管道保温。棉毡的厚度包括 3mm、6mm、10mm。

纳米孔气凝胶的导热系数公式（参考）如下：

$\lambda=0.0156+2.8\times10^{-5}t_m+3\times10^{-8}t_m^2+3\times10^{-10}t_m^3$　　$[W/(m\cdot℃)]$

7）铝箔，不锈钢箔

辐射是传热方式之一，温度越高辐射传热的强度也越高。在热网管道中，铝箔和不锈钢箔可以用来隔绝辐射传热。

热网上可用的铝箔厚度为 0.04～0.05mm。包括退火铝箔（软质）和冷作硬化铝箔（硬质）两种。两种材料的辐射系数无较大差别。用来隔绝辐射传热的铝箔表面必须光洁、无油污。铝箔表面不得有凹痕、褶皱、锈斑、水渍。铝箔的光亮表面要面向空气层、真空层。一面铝箔可隔绝 83% 的辐射热，两光面相对可隔绝层间 90%～95% 的辐射热。铝箔与铝箔互不接触（骨架除外）。如果在真空环境，没有导热传热，没有气体对流传热，敷设铝箔（多层）可将管道热损失降到极小。空分行业管道保温即通过该方法进行处理。

铝箔的光面必须朝向空气层（真空层）。若将铝箔夹在两层玻璃棉毡之间，则铝箔毫无作用。纤维类保温材料构成了无数的空气隙，纤维与纤维之间多为点接触，最大限度地削弱了固体（指纤维）导热。纤维之间的空气隙非常狭窄，削弱了气体的对流传热能力。纤维与纤维之间发生着辐射传热。由于纤维棉毡相当致密，虽非固体（固体内无辐射传热）但类似固体。用在高温条件下的硅酸铝棉毡的密度高，导热系数小，而在较低的温度条件下，硅酸铝棉毡密度稍低些导热系数才低。原因就在于温度越高辐射传热越强烈，棉毡密度越高，保温层越密实，对热射线的阻挡越充分。因此对于辐射传热，厚实的棉毡类

27

似固体使热射线穿不透棉毡。在两层紧贴着的棉毡之间夹一层铝箔，对传热无影响。

铝箔不宜在350℃以上温度环境使用，会使铝箔表面变黑丧失隔绝辐射传热的功能。绝热用的铝箔的纯度应大于或等于99.6%。

除了片材，还可以用厚度为7μm的铝箔做成直径为4～5mm的空心球，用于隔热。铝箔的一些物理性质见表2-18。

表 2-18

铝箔的物理性质

| 性能 | 指标 | 性能 | 指标 |
|---|---|---|---|
| 拉伸强度（硬质）（MPa） | 80～100 | 导热系数 [W/(m·℃)] | 230 |
| 拉伸强度（软质）（MPa） | 30 | 发射率（%） | 0.05～0.1 |
| 密度（kg/m³） | 2700 | 反射率（%） | 70～98 |
| 比热容 [kJ/(kg·℃)] | 0.929 | 使用温度（℃） | −200～550 |

第 3 章

# 水、水蒸气和空气

热网的作用是将分别处于两个地点的拥有热量的热源和需要热量的用户连接起来，并实现将热量以最小的代价输送到用户那里。实现这个过程不仅需要热的载体，还需要容纳热载体的空间。自然界常见物质中，水是最合适的材料。水的比热容约为 4.186kJ/(kg·℃)，换算成体积比热为 418.6kJ/(m³·℃)。水的这一特性使得可以用较小的空间容纳和输送较多的热量。水在自然界中易获得，天然水无毒无味，对人体无害，不污染环境。水的黏度很低，易于流动。集中供热（供暖，空调）热网即采用水作为热的载体。

水温度升高到一定程度变成水蒸气，水蒸气释放出潜热之后重新变成水，其中的相变潜热量十分可观。例如 1MPa 压力下 1m³ 的饱和蒸汽的潜热为 10368kJ/m³，由于水蒸气可携带和释放大量潜热，在热网中也是极为良好的载体。

水或水蒸气携带热量通过热网从热源点传输到用户。在传输过程中流体与管道发生摩擦，产生运动阻力。克服流体运动的阻力需要投入能量。例如水网中要设置水泵用以驱动管道中冷水或热水流动。蒸汽流动则要消耗自身的压力能。

水或水蒸气在热网传输的过程中，因为水或水蒸气作为热载体，相对于环境非冷即热。有温度差就有传热。对于热网，管中流体与环境的热交换是一种损失。这里所说的与环境的热交换的过程，总是绕不开空气。因此详细了解水、水蒸气和空气的有关性质对后续讨论热网技术是十分重要的。

## 3.1　流体的物理性质

### 1. 流体的密度

单位体积的流体质量叫作流体的密度，用符号 $\rho$ 表示。密度的单位是 kg/m³。密度体现流体的惯性，密度越大的流体其惯性也越大。

$$\rho = m/v \tag{3-1}$$

式中　$\rho$——流体密度，kg/m³；

　　　$m$——流体的质量，kg；

　　　$v$——流体的体积，m³。

不同温度、不同压力下流体的密度不同。在热网可能的工况下，水的密度在 900～1000kg/m³，变化不大。4℃的水密度最大。水蒸气的密度比水小得多，只有水密度的千分之几。水蒸气受压力和温度的影响，密度的变化幅度比水大得多。例如 2.5MPa 压力下 224℃

的水蒸气的密度为 $12.24kg/m^3$，$0.5MPa$ 压力下 $320℃$ 的水蒸气的密度只有 $1.85kg/m^3$。两者相差 6.6 倍。流体密度大流动惯性就大。长距离的供暖热水管网中突然改变水的流速，可导致管网发生水锤现象。严重的水锤可以使热网系统崩溃。蒸汽管网中蒸汽流速变化不会引起什么危险，但蒸汽管网中有冷凝水时则可引起汽水冲击，也可使管网崩溃。

**2. 流体的重度**

单位体积流体的重量叫作流体的重度，用 $\gamma$ 表示。

$$\gamma = G/V \tag{3-2}$$

式中　$\gamma$——流体的重度，$N/m^3$；

　　　$G$——流体的重量，N；

　　　$V$——流体的体积，$m^3$。

在海拔高度为零时，地核作用在流体上的引力 $F$，如果引力 $F$ 用 kgf（1kg 物质的重量）表示，其数值等于流体的质量 $m$，即 1kgf 等于 9.807N。

$$G = mg \tag{3-3}$$

式中　$G$——流体的重量，N；

　　　$m$——流体的质量，kg；

　　　$g$——重力加速度，为 $9.807m/s^2$。

**3. 比热容**

使单位质量的流体温度升高 1K 所需的热量叫作该流体的比热容，用符号 $c$ 表示。

$$c = Q/(m\Delta T) \tag{3-4}$$

式中　$c$——流体的比热容，$kJ/(kg·K)$；

　　　$Q$——改变流体温度所需（释放）的热量，kJ；

　　　$m$——流体的质量，kg；

　　　$\Delta T$——流体温度变化值，K。

在热网系统可能遇到的工况范围内，水的比热容与压力和温度关系不大，大约为 $4.2kJ/(kg·K)$。水蒸气的比热容随温度和压力的不同，其量值在比较宽的范围变化，在热工计算中比较复杂，一般不采用。在标准大气压下，空气的比热容约为 $1kJ/(kg·K)$。

**4. 导热系数**

在固体内部热量由温度高的区域通过传导方式到达温度较低的区域。在流体内热量由温度高的区域向温度低的区域传递的过程与固体内部传热过程相比要复杂得多。导热是传热方式之一。除导热外还会发生对流传热、辐射传热，以及相变传热。尽管过程十分复杂，但是除了辐射传热之外的所有传热过程都包含导热这种方式。对于水、水蒸气和空气的导热传热能力见表 3-1。导热系数用 $\lambda$ 表示。单位是 $W/(m·K)$，工程中常用 $W/(m·℃)$。

比较表 3-1 中的数据可以发现，水蒸气和干空气的导热传热能力大体相当。水的导热传热能力比空气约大 20 倍。热网管道保温使用的保温材料，如玻璃棉，通过形成细小的空隙，使其内部的空气流动能力变弱，空气以导热方式传热。但如果玻璃棉被潮气渗入，

水、水蒸气和空气的导热系数值（$P=0.1\text{MPa}$）　　表 3-1

| 温度（℃） | 水 [W/(m·K)] | 水蒸气 [W/(m·K)] | 空气 [W/(m·K)] |
|---|---|---|---|
| 20 | 0.598 | — | 0.026 |
| 90 | 0.675 | — | 0.031 |
| 180 | — | 0.031 | 0.038 |
| 300 | — | 0.043 | 0.046 |

玻璃棉纤维上吸附了微小水珠，这些小水珠尽管不会流动，只能以导热方式参与到管道保温层传热过程，但水的导热传热能力比空气大得多，最终导致玻璃棉保温性能下降。即使少量的潮气也会使保温材料的保温性能显著下降。在热网管道保温设计中这是一个重要因素。

### 5. 水的蒸发、沸腾和凝结

自然界的水在不同温度下其相态不同。当温度到达 0℃ 及 0℃ 以下时水呈现固态，即通常所说的冰。在常压下高于 0℃ 低于 100℃ 的水呈液态。常压下温度达到 100℃，水变成水蒸气。冰可变成水，水可变成水蒸气。上述过程完全可逆。

水蒸气可以由水通过蒸发方式变成蒸汽。蒸发过程水分子吸收自身能量变成蒸汽分子，水体温度下降。温度越高蒸发过程越激烈。与蒸发过程同时发生的为逆向的凝结过程。蒸汽分子释放热量重新变成水。蒸发与凝结可以在任何温度下进行。在开放的空间里，蒸发速度大于凝结速度，一直到可见的水消失。在封闭的空间里，温度若不改变，蒸发与凝结的速度相同，处于平衡状态，水量保持不变。温度改变后，蒸发强度随之改变，蒸发与凝结重新建立平衡关系。在封闭的空间里，水永远不会通过蒸发的方式消失掉。直埋敷设的保温管道，芯管与外护管包围形成封闭的空间。如果在施工的过程中，水进入保温管道夹层，这些水分永远也不可能蒸发掉。而保温层中的水将使管道保温效果显著下降。

水除了通过蒸发方式变成蒸汽以外，还可以通过沸腾方式变成蒸汽。在一定的压力下，水温达到某个确定温度时开始沸腾。此过程也是可逆的，逆向进行的过程叫作凝结。发生相变的节点叫作饱和点。例如压力为 0.1MPa 时，水在 99.6℃ 沸腾。水沸腾时吸收很多热量。吸收热量后水变成蒸汽，水蒸气的温度也是 99.6℃。此过程是可逆的。99.6℃ 的水蒸气释放热量后变成水，这个逆向的过程叫作凝结。这个相变的节点叫作饱和点，相应的压力叫作饱和压力，用 $P_s$ 表示，单位为 MPa。相应的温度叫作饱和温度，用 $t_s$ 表示，单位为 ℃。每个饱和压力值对应唯一的饱和温度值。在水的沸腾和凝结过程中，水吸收热量或蒸汽释放的热量叫汽化潜热，用 $r$ 表示，单位为 kJ/kg。在饱和点上水所具有的热量叫作水具有的焓值，用 $h'_s$ 表示，单位为 kJ/kg。饱和点上水蒸气的焓值用 $h''_s$ 表示，单位为 kJ/kg。它们之间的关系为：

$$r=h''_s-h'_s \tag{3-5}$$

式中　$r$——汽化潜热，kJ/kg；

　　$h''_s$——饱和水蒸气的焓值，kJ/kg；

　　$h'_s$——饱和水的焓值，kJ/kg。

从表 3-2 和表 3-3 中可以看到，水温越高水的焓值越高，呈线性变化。以水作热载体的热网，增加管网的供水回水温差可以明显地提高热网的输送能力。供暖管网降低循环回水温度，提高供水温度是增加热网出力的十分有效的措施。当供暖管网循环供水温度超过100℃时，管网必须有可靠的定压措施，保证管网在任何情况下，管中循环水的压力都要高于相应循环热水温度的饱和压力。若水温高于相应管中水压力的饱和温度，水将汽化，这具有一定风险。

饱和水蒸气表　　　　　　　　　　　　　　　　表 3-2

| 压力（MPa） | 饱和温度（℃） | 水的焓值（kJ/kg） | 水蒸气的焓值（kJ/kg） | 汽化潜热（kJ/kg） |
|---|---|---|---|---|
| 0.1 | 99.60 | 417.44 | 2674.95 | 2257.51 |
| 1.0 | 179.89 | 762.68 | 2777.12 | 2014.44 |
| 1.5 | 198.30 | 844.72 | 2791.01 | 1946.29 |
| 2.0 | 212.38 | 908.62 | 2798.38 | 1889.76 |
| 2.5 | 223.96 | 961.98 | 2802.04 | 1840.06 |

未饱和水和过热水蒸气焓值（kJ/kg）　　　　　　　表 3-3

| 压力（MPa） | 温度（℃） | | | | | | | |
|---|---|---|---|---|---|---|---|---|
| | 20 | 30 | 40 | 50 | 100 | 200 | 300 | 400 |
| 0.1 | 84.01 | 125.83 | 167.62 | 209.41 | 2675.77 | 2875.98 | 3074.54 | 3278.54 |
| 1.0 | 84.68 | 126.65 | 168.42 | 210.19 | 419.77 | 2828.77 | 3051.70 | 3264.39 |
| 1.5 | 85.33 | 127.11 | 168.86 | 210.62 | 420.15 | 2796.02 | 3038.27 | 3256.37 |
| 2.0 | 85.80 | 127.56 | 169.31 | 211.05 | 420.53 | 852.57 | 3024.25 | 3248.23 |
| 2.5 | 86.27 | 128.02 | 169.75 | 211.48 | 420.90 | 852.77 | 3009.63 | 3239.96 |

蒸汽管网中需要蒸汽保持过热状态，否则管中将生成冷凝水。蒸汽管网中出现液态水，管中形成两相流（汽水混合），这不利于管网安全运行。如果将管中冷凝水排到管外，从表 3-2 中可以发现，饱和水具有不低的焓值。压力越高焓值越高，排冷凝水热损失越大。管网负荷较低时管网产生的冷凝水多，而在管网低负荷工况条件下，管网的平均压力较高。

热网运行时管道中的水或水蒸气与热网周围环境发生热量交换，对于热网这是一种能量损失，影响热网运行效率。因此，对热网管道散热的强度应予以限制。例如相关的国家标准中规定，对于介质温度为 200℃ 的热力管网，可允许的最大散热损失是 126W/m²，而在降雨时，如果管网防护设施不完善，雨水直接淋到蒸汽管道上，雨水立即在蒸汽管道表面沸腾。散热强度可达到 $1.45 \times 10^6 \text{W/m}^2$，为管网正常运行热损失的 1000 倍以上。

### 6. 流体压缩与膨胀

水和水蒸气同为流体，但是在压缩和膨胀性方面有巨大差别。水在受压后体积没有明显变化，而水蒸气则在受到压力的作用时，体积会明显减小。理想气体状态方程式如下：

$$Pv = RT \tag{3-6}$$

式中　$P$——气体的压力，MPa；

　　　$v$——气体的比容，m³/kg；

　　　$R$——气体常数，不同气体数值不同，N·m/(kg·K)；

　　　$T$——气体温度，K。

按式（3-6），气体温度保持不变，气体压力增加一倍，则气体体积收缩一半。空气性质基本符合式（3-6）。水蒸气性质距理想气体相差较大，不能直接使用式（3-6），但从定性的角度，水蒸气的变化规律与式（3-6）相似。当气体压力保持恒定，气体温度变化时，气体的体积随温度呈正比变化。

水的压力改变时体积基本不变化。而水的温度变化会使水的体积发生变化。这种因温度改变引起水体积改变的现象有时是可以忽略不计的，而有些时候不可忽略。水在4℃时体积最小。水温从4℃下降时水体积增大。水温降到0℃时水凝固成冰。温度继续下降时冰的体积继续增大。热网中的水若凝结成冰，管道将因承受不住冰的体积增长而爆裂。同样，供暖管道注满冷水后的升温过程，管中水因温度升高体积膨胀而溢出。若此时管中热水不能溢出，将导致热网管道承受高压。水受压后体积变化用下式表示：

$$\beta_p = \frac{V_2 - V_1}{V_1 \Delta P} \tag{3-7}$$

式中　$\beta_p$——水的体积压缩系数，$m^2/N$；

　　　$V_1$——压缩前水的体积，$m^3$；

　　　$V_2$——压缩后水的体积，$m^3$；

　　　$\Delta P$——水受到压力的增量，Pa。

水在受压体积变化方面类似固体，不可压缩且具有弹性。水的体积压缩系数的倒数称为水的弹性系数，也称为水的弹性模量，用符号 $E_W$ 表示，单位是 Pa 或 MPa。在常温下 $E_W$ 为 2030MPa。

$$E_w = 1/\beta_p \tag{3-8}$$

水在压力不变的情况下，温度升高时体积膨胀，水受热体积膨胀的性质用单位体积膨胀系数 $\beta$ 表示

$$\beta = \frac{V_2 - V_1}{V_1 \cdot \Delta t} \tag{3-9}$$

式中　$\beta$——水的体积膨胀系数，1/℃；

　　　$V_1$——升温前水的体积，$m^3$；

　　　$V_2$——升温后水的体积，$m^3$；

　　　$\Delta t$——温度升高值，℃。

水的体积膨胀系数 $\beta$ 在不同的温度区间是不同的，而与水受到的压力关系不大。表3-4给出了水的膨胀系数表。

水的膨胀系数 $\beta$ [$10^{-3} m^3/(m^3 \cdot ℃)$] 　　　　表3-4

| 温度（℃） | 膨胀系数 | 温度（℃） | 膨胀系数 | 温度（℃） | 膨胀系数 |
|---|---|---|---|---|---|
| 10 | 0.25 | 80 | 28.98 | 150 | 90.00 |
| 20 | 1.80 | 90 | 35.90 | 160 | 101.00 |
| 30 | 4.25 | 100 | 43.42 | 170 | 114.00 |
| 40 | 7.82 | 110 | 51.00 | 180 | 127.00 |
| 50 | 12.07 | 120 | 59.00 | 190 | 141.00 |
| 60 | 17.04 | 130 | 69.00 | 200 | 156.00 |
| 70 | 22.69 | 140 | 79.00 | — | — |

水蒸气和空气的体积受压力和温度影响发生明显的变化。其变化规律可以从式（3-6）推导得出。在气体温度保持不变的条件下，气体压力增加一倍，其体积缩小一半。气体压力不变，气体温度升高时气体体积变大。

$$\beta = 1/T \tag{3-10}$$

式中　$\beta$——气体体积膨胀系数，$K^{-1}$；

　　　$T$——气体热力学温度，K。

### 7. 压力波在流体中传播

当流体某处承受到外力的作用时，该处流体的压力发生变化。所发生的压力变化向流体四周传送。在流体中，这个压力波的传播速度与流体中的声速相等，与流体的密度和流体的弹性模量有关。

$$\alpha = \sqrt{E/\rho} \tag{3-11}$$

式中　$\alpha$——流体中声速，m/s；

　　　$E$——流体的弹性模量，Pa；

　　　$\rho$——流体的密度，$kg/m^3$。

在气体中声速常用如下公式求解：

$$\alpha = \sqrt{kPv} \tag{3-12}$$

和

$$\alpha = \sqrt{kRT} \tag{3-13}$$

式中　$\alpha$——气体中声速，m/s；

　　　$P$——气体压力，Pa；

　　　$v$——气体比容，$m^3/kg$；

　　　$T$——气体热力学温度，K；

　　　$k$——气体的绝热指数，空气 $k=1.4$，过热蒸汽 $k=1.3$；

　　　$R$——气体常数，J/(kg·K)，空气 $R=287J/(kg·K)$，水蒸气 $R=461.5J/(kg·K)$。

## 3.2　流体的力学性质

在外力驱动下水或空气可以流动，例如在管道中流动。在同样大小的驱动力作用下，空气在管道中流动得比水快。流体的黏性不仅表现在流体与外部（管壁）物体的摩擦，流体内部也存在着相互摩擦。如图 3-1 所示是流体在圆管内部流动的状态。管中心流体的速度最高。由管中心向外各层流体的速度依次降低，a-b 层流体的流速比 c-d 层流体的流速高，差值为 du。a-b 层与 c-d 层在管道径向的距离为 dy。a-b 层流体与 c-d 层流体的接触面积为 A。a-b 层流体与 c-d 层流体之间的摩擦力为 F。

$$F = \mu \cdot A \frac{\mathrm{d}u}{\mathrm{d}y} \tag{3-14}$$

式中　$F$——流体层间摩擦力，N；

　　　$A$——两层流体接触面积，$m^2$；

$\mathrm{d}u/\mathrm{d}y$——流体沿 y 方向的速度梯度，$\mathrm{s}^{-1}$；

$\mu$——流体的黏滞系数，$\mathrm{Pa \cdot s}$。

在流体力学中 $\mu$ 又称为动力黏度。不同种流体的动力黏度不同。同种流体在不同温度下动力黏度也不同，温度升高时水的动力黏度下降。相反空气的温度越高，其动力黏度越大。

流体的动力黏度 $\mu$ 与流体密度 $\rho$ 的比值在流体力学中经常使用，称为运动黏度，用符号 $\nu$ 表示。

$$\nu = \mu/\rho \tag{3-15}$$

式中 $\nu$——流体的运动黏度，$\mathrm{m^2/s}$；

$\mu$——流体的动力黏度，$\mathrm{Pa \cdot s}$；

$\rho$——流体的密度，$\mathrm{kg/m^3}$。

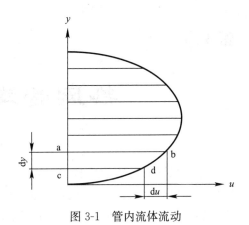

图 3-1 管内流体流动

和动力黏度一样，温度越高水的运动黏度越低。空气则温度越高，运动黏度越高。水蒸气的情况与空气性质相似。

在工程计算中，常压下各种温度水的运动黏度可利用下式计算：

$$\nu = \frac{1.775 \times 10^{-6}}{1 + 0.0337t + 0.000221t^2} \quad (\mathrm{m^2/s}) \tag{3-16}$$

在标准大气压下，空气的运动黏度可利用下式计算：

$$\nu = 1.32 \times 10^{-5} \times (1 + 0.00329t + 0.000017t^2) \quad (\mathrm{m^2/s}) \tag{3-17}$$

上述两公式中的温度 $t$ 的单位均为℃。

# 第 4 章

# 热网管道散热和保温

建造热网的目的就是通过管道将热的或冷的介质从热（冷）源点输送到需要热（冷）的用户那里。热网管线通常都较长，热网管道中的介质与周围环境发生热交换。因此，管道保温，削弱管道里的介质与外界换热的强度就显得非常重要。

## 4.1 传 热

传热学中包含了三种传热方式，导热传热、对流传热和辐射传热。与传热过程相关的还有相变过程。

自然界中只要存在温差就一定发生传热过程。热网中介质无论是水还是蒸汽，与环境温度有落差，则传热是无法完全避免的。温差越大传热越剧烈。我们无法改变环境温度，但可以选择介质温度。以北方供暖管道为例，早期供暖热水循环回水温度定为 70℃。环境温度 0℃ 时，介质与环境的温差为 70℃。循环回水温度低到 30℃ 时，介质与环境的温差变成 30℃。驱动传热的"势"下降一半以上。循环回水管道向环境散失的热量也因此减少一半以上。蒸汽管网与之相同，对于 30km 长的蒸汽管网，入口蒸汽温度选 300℃ 可能是合适的。若管网单线长度不足 10km，管网入口蒸汽温度取 200℃ 也是可行的。在热网自动控制上关于介质温度的调控是有必要的。

### 1. 导热

物体的一个区域与另一个区域温度有差别，或者两个相接触的物体一边温度高，另一边温度低，就会发生热量由高温一侧向低温一侧转移的过程。在传热过程中物体形状位置没有变化，通过接触方式传热。这种方式称为导热。导热方式传热发生在固体内部，两个接触的物体之间，固体与周边相接触的液体或气体之间，液体内部，气体内部，液体与相接触的气体之间。在真空中没有导热传热过程发生。导热过程伴随物体分子的振动和碰撞。温度越高，过程的强度越大。在同样温度下，不同物质传递热量的活跃程度不同。用物质的导热系数来反映物质传递热能的性质。

常温下钢的导热系数约为 50W/(m·℃)。铝的导热系数约为 230W/(m·℃)。高密度聚乙烯的导热系数约为 0.41W/(m·℃)，聚四氟乙烯的导热系数约为 0.14W/(m·℃)。纳米孔气凝胶的导热系数则不足 0.02W/(m·℃)。钢和纳米孔气凝胶比较，传导热量的强度比约为 3000∶1。显然热网中钢管很难阻止管中蒸汽向外散热。而热量通过与钢管相同厚度的纳米孔气凝胶向外散热就困难得多。纳米孔气凝胶这类极不活跃的物质适合作为阻止导热过程的材料。材料阻止热传导的效果和热流经过的路途长短有关。路途越长导热越困难。导热过程的发生源于温度差，温度差是驱动力。抑制导热过程的因素称为热阻。显然导热途程越长，阻力越大；材料越活跃阻力越小。用 $R$ 代表热阻。

$$R = \frac{\delta}{\lambda}$$  (4-1)

驱动力越强，阻力越小，导热过程越剧烈，用下式表示：

$$q = \frac{\Delta t}{R} = \frac{\lambda \Delta t}{\delta}$$  (4-2)

式中　$R$——热阻，m·℃/W；

　　　$\Delta t$——温差，℃或K；

　　　$\lambda$——导热系数，W/(m·℃)；

　　　$\delta$——热流路径长度，m；

　　　$q$——热流强度，W/m²。

式 (4-2) 适用于通过平板的导热传热。公式中的 $\delta$ 是平板的厚度。$\Delta t$ 是平板热面温度与冷面温度之差。$\lambda$ 是平板材料的导热系数，除了材料本身，其值还取决于平板冷面热面温度的平均值。平板导热通道的宽度始终一致。

管道散热与平板不同，热量是由管道中心向四周方向发散。热流通道逐渐变宽。管道径向导热传热的公式用下式表示：

$$q_{\mathrm{L}} = \frac{\Delta t}{\frac{1}{2\pi\lambda}\ln\frac{d_2}{d_1}}$$  (4-3)

式中　$d_1$——内圈直径，通常是保温层内径，m；

　　　$d_2$——外圈直径，通常是保温层外径，m；

　　　$q_{\mathrm{L}}$——1m 长的管道导热传热强度，W/m；

　　　$\Delta t$——温差，℃；

　　　$\lambda$——导热系数，W/(m·℃)。

管道 $q_{\mathrm{L}}$ 称为线热流密度。后文中如不特别指出，则 $q$ 代表线热流密度。

式 (4-2) 和式 (4-3) 有一个明显的差别。式 (4-2) 用来计算平板导热，保温材料厚度增加 1 倍，导热传热量就将下降一半。而式 (4-3) 中保温厚度通过对数计算。增加保温材料厚度对传热的影响与平板导热不一样。下面给一个例题。

**例 4-1**　热网管径 $d_1 = 108$mm，保温层厚度 $\delta$ 分别取 $100 \sim 800$mm。温差为 200℃。保温材料采用玻璃棉毡。导热系数取 $0.05$W/(m·℃)。求管道散热强度。

**解：** 根据式 (4-3)，得

$$q = \frac{2\pi\lambda\Delta t}{\ln\frac{d_2}{d_1}}$$

当保温层厚度 $\delta$ 为 100mm 时，保温层外径 $d_2$ 为 308mm，各数据代入上式。

$$q = \frac{2 \times 3.14 \times 0.05 \times 200}{\ln\frac{308}{108}}$$

$$=59.96\text{W/m}$$

1m 长的管道消耗的玻璃棉毡数量为：

$$v=\frac{3.14}{4}\times(0.308^2-0.108^2)$$

$$=0.0653\text{m}^3$$

依次计算管道外包扎的玻璃棉厚度为 10mm、20mm…800mm 时管道的散热量和保温材料用量。结果见表 4-1。以玻璃棉毡厚度为 200mm 时作为参照。当厚度增加到 300mm 时，玻璃棉毡用量增加 1 倍，管道散热量只下降不到 20%，当厚度增加到 500mm 时，棉毡用量增加 4 倍，管道散热量仅减少 34%。另外一面可发现，棉毡厚度小于 100mm 时，管道散热量急剧增加。对于保温管道这种结果是不可接受的。计算结果如图 4-1 所示。显然保温层厚度取 100~200mm 时性价比较高。保温层过薄或过厚都不可取。

管道保温层厚度与保温效果关系　　　　　　表 4-1

| 序号 | 1 | 2 | 3 | 4 | 5 | 6 | 7 | 8 |
|---|---|---|---|---|---|---|---|---|
| 保温层厚度（mm） | 10 | 20 | 75 | 100 | 200 | 300 | 500 | 800 |
| 管道散热强度（W/m） | 369.82 | 199.41 | 72.15 | 59.96 | 40.59 | 33.42 | 26.99 | 22.76 |
| 保温材料用量（m³） | 0.0037 | 0.008 | 0.0186 | 0.0653 | 0.1935 | 0.3845 | 0.9550 | 2.282 |
| 不同厚度保温材料与200mm 厚度的保温材料用量之比 | 0.019 | 0.041 | 0.096 | 0.337 | 1 | 1.987 | 4.935 | 11.793 |
| 不同厚度保温材料与200mm 厚度的保温材料的线热流密度之比 | 9.1 | 4.9 | 1.8 | 1.5 | 1 | 0.82 | 0.66 | 0.56 |

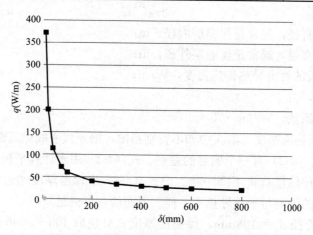

图 4-1　管道保温层厚度与保温效果关系图

## 2. 对流换热

流体流动引起热量交换，称为对流换热。在固体中没有对流换热过程。在真空（指绝对真空）环境也没有对流换热过程。

对流换热涉及流体和其接触的固体表面的性质、状况、流速、流向、相互位置。对流换热有两种形式，一种是强迫对流换热，另一种是自然对流换热。风吹室外架空敷设的管道属于强迫对流换热。由于热网管道与周围气体（液体）热交换使一部分气体（液体）与附近另一部分气体（液体）的温度出现差异。温度不同流体的密度就不同，导致一部分流体轻，另一部分流体重。轻者上扬，重者下沉，引起流体流动，这种现象称为自然对流换热。

对流换热的公式如下：

$$Q = \alpha A (t_w - t_f) \tag{4-4}$$

式中　$Q$——对流换热量，W；

　　　$\alpha$——对流换热系数，W/($m^2 \cdot \text{℃}$)；

　　　$t_w$——固体表面的温度，℃；

　　　$t_f$——远离固体表面的流体温度，℃；

　　　$A$——流体接触的固体表面积，$m^2$。

热网管道的散热，对于架空管道，主要涉及水平架设的管道。管道对流换热中流体主要是空气。下文如无特别指明则都属于空气中的水平管道散热。户外架空管道的对流散热只考虑强迫对流换热。空气流速取热网当地平均风速。户内（管廊）架空管道的对流换热只考虑自然对流换热方式。对于管道对流换热问题，传热学中包括下列准则：

1）$Gr$——格拉晓夫准则

$$Gr = \frac{\beta g \Delta t L^3}{\nu^2} \tag{4-5}$$

反映流体因温度差别引起密度差别导致自然对流的流动状态。

2）$Pr$——普朗特准则

$$Pr = \frac{\nu C_p \rho}{\lambda} \tag{4-6.1}$$

$$Pr = \frac{\nu}{\alpha_1} \tag{4-6.2}$$

反映黏性流体物理性质。

3）$Re$——雷诺数或雷诺准则

$$Re = \frac{\nu L}{\nu} \tag{4-7}$$

反映流体流动状态（层流、过度状态或紊流）的准则。

4）$Nu$——努谢尔特准则。

$$Nu = \frac{\alpha L}{\nu} \tag{4-8}$$

反映对流换热过程强度。

上述四项准则均无量纲。常用于对流换热过程中描述换热过程特性。其中各项参数分别为：

　　　$\beta$——空气容积膨胀系数，$K^{-1}$；

　　　$\nu$——空气流速，m/s；

　　　$T$——空气的热力学温度，K；

　　　$g$——重力加速度，9.81$m/s^2$；

　　　$\Delta t$——空气与管壁表面温差，℃，$\Delta t = (t_w - t_f)$；

　　　$L$——定型尺寸，通常是管道直径或空气夹层厚度，m；

$\nu$——空气运动黏度，$m^2/s$；

$C_p$——空气定压比热容，$J/(kg \cdot \text{℃})$；

$\rho$——空气的密度，$kg/m^3$；

$\lambda$——空气的导热系数，$W/(m \cdot \text{℃})$；

$\alpha_1$——空气的导温系数，$m^2/s$；

空气容积膨胀系数（$\beta$）：

$$\beta = \frac{1}{T} = \frac{1}{273 + (t_w + t_f)\frac{1}{2}} \tag{4-9}$$

对流换热系数（$\alpha$）：

$$\alpha = \frac{\lambda}{C_p \rho} \tag{4-10}$$

式中　$\alpha$——对流换热系数，$W/(m^2 \cdot \text{℃})$；

$t_w$——对流换热中固体壁面温度，℃；

$t_f$——对流换热中远离固体壁面的空气温度，℃。

室外水平架设的管道与空气对流换热可用下列公式计算：

$$\alpha = 11.63 + 7\sqrt{v} \tag{4-11}$$

式中　$v$——热网运行季节当地平均风速，$m/s$；

$\alpha$——对流换热系数，$W/(m^2 \cdot \text{℃})$。

架设在室内或架设在管廊中的管道不会像户外管道那样经受风吹。例如蒸汽管道，在运行时，管外表面温度比周围环境空气温度略高。受温度影响蒸汽保温管外表面近处的空气密度比远离管道处的空气密度要低。不同位置空气密度差使得近管道表面的空气受到升力的作用，形成一股向上流动的气流。热气流将蒸汽管道外表面的热量带走。对此，传热学中称之为自然对流热交换。

架设在室内的蒸汽管道通过自然对流扩散到周围空气中的热量用下列公式计算：

$$q = \pi D \alpha (t_w - t_f) \tag{4-12}$$

竖管的对流换热系数：

$$\alpha = 1.42\left(\frac{\Delta t}{L}\right)^{0.25} \tag{4-13}$$

水平管道的对流换热系数：

$$\alpha = 1.32\left(\frac{\Delta t}{D}\right)^{0.25} \tag{4-14}$$

式（4-13）和式（4-14）的适用条件为：$10^4 < Gr \cdot Pr < 10^9$

判定式中格拉晓夫数 $Gr$ 中的定性温度等于蒸汽保温管保温层外表面温度 $t_w$ 和周围空气温度 $t_f$ 的平均值。$Gr$ 中的定型尺寸 $L$，对于水平管取管道保温层外表面的直径 $D$，对于竖管 $L$ 取竖管高度，单位都是 m。式（4-13）和式（4-14）中的温度差 $\Delta t$ 为管道最外表面温度 $t_w$ 和周围空气温度 $t_f$ 之差。

### 3. 辐射传热

一切物体都由原子构成。原子中的电子运动形成电磁场，这个过程中物体的热能通过原子中的电子运动，转变成电磁波向外发射。物体的温度越高，物体中电子运动越激烈。向外发射的电磁波越强烈。物体发出的电磁波落到另外的物体表面。受到电磁辐射的物体，可能将一部分射线吸收，重新转化为热能。另一部分电磁波可能穿透物体继续前进（如果接受到电磁辐射的物体是透明的）。还可能有一部分电磁波到达物体表面后被反射回去。

传热学中将能够把接受到的电磁波全部吸收的物体称为"绝对黑体"，能够完全透过电磁波的物体称为"透明体"，能把接受到的电磁射线全部反射回去的物体称为"白体"或镜面体。

热网管道辐射传热用下列公式计算：

$$Q = \varepsilon_{1,2} \sigma F_1 (T_1^4 - T_2^4) \tag{4-15}$$

式中　$Q$——辐射传热量，W；

$\quad T_1$——发射体表面绝对温度，K；

$\quad T_2$——接受体表面绝对温度，K；

$\quad \sigma$——辐射常数，为 $5.668 \times 10^{-8} \text{W}/(\text{m}^2 \cdot \text{K}^4)$；

$\quad F_1$——发射体表面积，$\text{m}^2$；

$\quad \varepsilon_{1,2}$——2 个辐射表面当量黑度，无量纲。

其中发射体表面积：

$$F_1 = \pi D_1 L \tag{4-16}$$

式中　$D_1$——发射体（管道或管道外保温层）直径，m；

$\quad L$——管道发射体长度，m。

式（4-15）中两辐射表面当量黑度：

$$\varepsilon_{1,2} = \left[ \frac{1}{\varepsilon_1} + \frac{F_1}{F_2} \left( \frac{1}{\varepsilon_2} - 1 \right) \right]^{-1}$$

式中　$\varepsilon_1$——发射体黑度，无量纲；

$\quad \varepsilon_2$——接受体黑度，无量纲；

$\quad F_2$——接受体表面积，$\text{m}^2$。

对于保温夹层中：

$$\varepsilon_{1,2} = \left[ \frac{1}{\varepsilon_1} + \frac{D_1}{D_2} \left( \frac{1}{\varepsilon_2} - 1 \right) \right]^{-1} \quad (D_2 > D_1) \tag{4-17}$$

式中　$D_2$——接受体直径，m。

对于管道在无限空间辐射放热，$\varepsilon_2$ 的数值接近 1，且 $F_2 \gg F_1$，式（4-17）可简化为：

$$\varepsilon_{1,2} = \varepsilon_1$$

$$q = \varepsilon_1 \sigma \pi D_1 (T_1^4 - T_2^4) \tag{4-18}$$

式中　$q$——单位长管道辐射放热量，W/m。

## 4.2　户外架空管道保温计算

热网管道主要架设在户外。一种是在地面上架设。地面上根据管径大小，沿热网管线走向，按一定间隔设置混凝土支墩。管道与地面保持一定距离。根据管道与地面的距离，分成低架空，中架空和高架空。对于管道保温而言，三种架设方式没有差别。与户外架空敷设的区别在于地沟中架设管道和管廊中架设管道，也都属于架空敷设方式。就保温而言，户外管道常年受到风吹，产生强烈的对流换热效应。管廊中则不然，风不会直接吹到热网管道上，管廊中管道与周围空气换热方式是通过空气自然流动形成的。管廊中环境温度变化幅度也不如户外剧烈。地沟中敷设管道现在已较少采用。地沟中管道保温计算可归入管廊一类中。除架空敷设外，另一种主要的热网管道的敷设方式是直埋。直埋管道保温层外边是土壤。架空管道保温层外边是空气。两种敷设方式的管道保温计算有差别。本节将讨论户外架空敷设的热网管道的保温计算。管廊中的管道和直埋热网管道的保温计算将在后面章节中进行讨论。为了讨论方便，下面借助一个例题进行展开。

**例 4-2** 架空蒸汽管道，管中蒸汽温度为 300℃，管道保温采用密度为 $48kg/m^3$ 的玻璃棉。保温管保温层外表面温度为 20℃，钢管规格为 $\phi630 \times 8$，玻璃棉厚为 200mm，计算管道散热量。

**解：**

蒸汽管道中的蒸汽与钢管内表面接触，蒸汽将热量传到钢管内表面。传热过程属于管中流体强迫对流传热。然后热量由钢管内表面通过钢管管壁传到钢管外表面。这阶段属于固体中导热传热。接下来热量穿过玻璃棉保温层到达保温层外表面。在保温层中的传热由传热过程中固体（玻璃纤维）导热，空气对流传热，辐射传热三种方式组合构成。工程中无法将三种传热过程拆分开来一一计算。工程中是把玻璃棉毡视作固体，按固体导热进行保温计算。

与玻璃棉毡相比，钢的导热系数约为 50W/(m·℃)，后者比前者大 1000 倍。管中对流换热的强度与玻璃棉毡中的传热相比，前者更高。因此，工程中忽略管中蒸汽到管内表面传热热阻，忽略钢管管壁中传热热阻，认为蒸汽钢管外壁表面的温度等于蒸汽的温度。则本例中只需计算通过玻璃棉毡保温层的传热过程。

密度为 $48kg/m^3$ 的玻璃棉毡导热系数公式如下：

$$\lambda = 0.041 + 0.00017(t_m - 70) \tag{4-19}$$

本例棉毡内表面温度 $t_1 = 300℃$，棉毡外表面温度 $t_2 = 20℃$。

$$t_m = \frac{1}{2}(t_1 + t_2)$$

$$= \frac{1}{2}(300 + 20)$$

$$= 160℃$$

代入式 (4-19)：

$$\lambda = 0.041 + 0.00017(160 - 70)$$

$$= 0.0563W/(m·℃)$$

管道散热由式 (4-3) 计算：

$$q = \frac{2\pi\lambda\Delta t}{\ln\dfrac{d_2}{d_1}}$$

$$= \frac{2\pi \times 0.0563 \times (300 - 20)}{\ln \dfrac{630 + 2 \times 200}{630}}$$

$$= 210.48 \text{W/m}$$

在管道保温计算中，管道保温层的外表面温度是未知的，而环境空气温度是已知数。管道保温层外表面通过对流和辐射方式传热给周围环境。为了便于计算管道外表面辐射散热，也采用对流换热系数方式进行表达。

$$\alpha_r = \frac{\varepsilon\sigma(T_1^4 - T_2^4)}{T_1 - T_2} \tag{4-20}$$

管道外表面对流换热系数 $\alpha$ 和辐射换热当量对流换热系数 $\alpha_r$ 之和构成总放热系数 $\alpha$。

$$\alpha = \alpha_c + \alpha_r \tag{4-21}$$

**例 4-3**  架空蒸汽管道规格为 $\phi630 \times 8/\phi1030$，管道保温层外表面为 20℃，环境气温为 17.84℃，风速为 3m/s。管道保温层外涂覆镁钢作外壳，求管道保温层外表面散热。

**解**：

管道外表面对流换热系数用公式（4-11）计算：

$$\alpha_c = 11.63 + 7\sqrt{v}$$

$$= 11.63 + 7\sqrt{3}$$

$$= 23.75 \text{W/(m}^2 \cdot \text{℃)}$$

计算管道外表面辐射放热系数，取镁钢黑度为 0.9。

$$\alpha_r = \frac{\varepsilon\sigma(T_1^4 - T_2^4)}{T_1 - T_2}$$

$$= \frac{0.9 \times 5.67 \times 10^{-8}((273 + 20)^4 - (273 + 17.84)^4)}{(273 + 20) - (273 + 17.84)}$$

$$= 5.08 \text{W/(m}^2 \cdot \text{℃)}$$

$$\alpha = \alpha_c + \alpha_r$$

$$= 23.75 + 5.08$$

$$= 28.83 \text{W/(m}^2 \cdot \text{℃)}$$

管道表面散热：

$$q = (\alpha_c + \alpha_r)\pi D \cdot \Delta t$$

$$= 28.83 \times \pi \times 1.03 \times (20 - 17.84)$$

$$= 201.5 \text{W/m}$$

例 4-2 中管道散热热阻设为 $R_1$，例 4-3 中管道表面散热热阻设为 $R_2$ 则：

$$q = \frac{\Delta t}{R_1 + R_2}$$

式中  $R_1$——管道保温层热阻；

$R_2$——管道表面对流与辐射换热热阻；

$\Delta t$——管中介质与环境的温差；

$q$——管道散热热量。

$$R_1 = \frac{1}{2\pi\lambda} \ln \frac{d_2}{d_1}$$

$$R_2 = \frac{1}{\pi D\alpha}$$

前例中：

$$R_1 = \frac{1}{2\pi\lambda} \ln \frac{d_2}{d_1}$$

$$= \frac{1}{2\pi \times 0.0563} \times \ln \frac{1030}{630}$$

$$= 1.390 \text{m} \cdot \text{℃/W}$$

$$R_2 = \frac{1}{\pi D\alpha}$$

$$= \frac{1}{\left[\pi \times 1.03(23.75 + 5.08)\right]}$$

$$= 0.0107 \text{m} \cdot \text{℃/W}$$

两组热阻之比为：

$$\frac{R_1}{R_1 + R_2} = \frac{1.390}{1.390 + 0.0107}$$

$$= 0.992$$

可见管道保温层的热阻在总热阻中占比较大。管道保温层外表面与环境的换热热阻占比较小。其中室外管道辐射换热热量占比更小。在保温计算中，户外的管道保温层外表面温度主要受对流换热系数影响，计算时可忽略辐射换热热阻部分，对计算精度影响不大。

## 4.3　管廊中蒸汽管道散热

架设在管廊中的蒸汽保温管道和架设在户外的蒸汽保温管道的散热方式非常相似。蒸汽钢管中的蒸汽传热给蒸汽钢管，然后热量穿过蒸汽保温管外的保温层到达管道保温层外表面。由于管道散热，管道保温层外表面的温度比周围环境温度要略高。最后通过对流方式和辐射方式散发到周围环境。与户外管道不同之处在于，管廊内没有明显的风吹向管道。蒸汽保温管以自然对流方式与周围空气换热。与户外管道比，管廊内管道对流换热强度要弱得多。管道保温层外表面温度与户外同样的保温管外表面温度比，管廊中架设的管道表面温度要比户外管道表面温度略高。因此，不可以同户外管道热工计算一样，忽略保温外套管之外的热阻。对流换热热阻和辐射换热热阻都不能忽略不计。下面用例题演示管廊中蒸汽保温管散热计算。

**例 4-4**　竖置蒸汽管道规格为 $\phi 630 \times 8$，采用玻璃棉毡保温。玻璃棉密度为 $48 \text{kg/m}^3$。棉毡总厚度为 $185 \text{mm}$。蒸汽温度为 $300 \text{℃}$，管廊内环境温度为 $20 \text{℃}$，管道保温层外包铁皮，铁皮刷白色油漆。计算蒸汽保温管散热。

**解：**

设管道保温层外套铁皮表面温度为 $t_w$。保温管玻璃棉外表面温度为 $t_w$。玻璃棉是干燥的，不考虑潮气对玻璃棉导热系数的影响。玻璃棉的导热系数用下式计算：

$$\lambda = 0.041 + 0.00017\left[\frac{1}{2}(t_0 + t_w) - 70\right]$$

管中蒸汽散到管外的热量为：

$$q_L = \frac{2\pi\lambda(t_0 - t_w)}{\ln\dfrac{D}{d}}$$

保温管外表面通过对流散失的热量用式（4-6）计算：

$$q_{LC} = \pi D\alpha_c(t_w - t_f)$$

式中管道外表面对流换热系数 $\alpha_c$ 用式（4-13）计算：

$$\alpha_c = 1.42\left(\frac{\Delta t}{D}\right)^{0.25}$$

$$= 1.42 \times \left(\frac{t_w - t_f}{D}\right)^{0.25}$$

$$= 1.42 \times \left(\frac{t_w - 20}{0.63 + 2 \times 0.185}\right)^{0.25}$$

$$= 1.42 \times (t_w - 20)^{0.25}$$

保温管外表面通过辐射散失的热量用式（4-15）计算：

$$q_{Lr} = \varepsilon\sigma(T_w^4 - T_f^4)$$

本例涂了白油漆的铁皮外壳的黑度可取 0.9。

$$q_{Lr} = 0.9 \times 5.668 \times 10^{-8} \times \left[(t_w + 273)^4 - (20 + 273)^4\right]$$

保温管中蒸汽传到保温层外套的热量 $q_L$ 与铁皮外壳通过对流散失的热量 $q_{LC}$ 加上铁皮外壳通过辐射传到周围环境的热量 $q_{Lr}$ 之和应相等，则：

$$q_{LC} + q_{Lr} - q_L = 0$$

将各相关等式代入，得：

$$\pi D\left[(t_w - t_f) \times 1.42 \times (t_w - t_f)^{0.25} + \varepsilon\sigma(T_w^4 - T_f^4)\right] =$$

$$\frac{2\pi(t_0 - t_w) \times \left\{0.041 + 0.00017 \times \left[\frac{1}{2}(t_0 + t_w) - 70\right]\right\}}{\ln\dfrac{1}{0.63}}$$

$$1.42 \times (t_w - 20)^{1.25} + 0.9 \times 5.668 \times 10^{-8} \times \left[(273 + t_w)^4 - 293^4\right] =$$

$$\frac{2 \times (300 - t_w) \times \left\{0.041 + 0.00017 \times \left[\frac{1}{2} \times (300 + t_w) - 70\right]\right\}}{\ln\dfrac{1}{0.63}}$$

$$t_w = 28.6℃$$

进一步可求得 $q_L = 210.54\text{W/m}$，$q_{LC} = 65.7\text{W/m}$，$q_{Lr} = 144.85\text{W/m}$；

管道玻璃棉保温层热阻 $R_1 = 1.168\text{m}\cdot℃/\text{W}$；

对流换热热阻 $R_{2c} = 0.131\text{m}\cdot℃/\text{W}$；

辐射换热热阻 $R_{2r} = 0.059\text{m}\cdot℃/\text{W}$；

保温管铁皮外壳外的热阻：

$$R_2 = \frac{R_r \cdot R_c}{R_r + R_c}$$

$$= \frac{0.059 \times 0.131}{0.059 + 0.131}$$

$$= 0.041 \mathrm{m \cdot ℃/W}$$

保温管玻璃棉保温层的热阻与铁皮外壳外热阻之和：

$$R_1 + R_2 = 1.168 + 0.041$$

$$= 1.209 \mathrm{m \cdot ℃/W}$$

其中主保温层热阻占比 96.6%，铁皮外热阻占比 3.4%。铁皮外的热阻不应忽略不计。铁皮外壳主要以辐射方式向外散热，这与户外架空管道散热方式有明显的差别。

## 4.4　直埋敷设保温管道保温计算

直埋敷设保温管道与架空敷设保温管道并没有本质的差别，直埋保温管直接埋在土壤中，土壤对管道散热的热阻相比于直接接受风吹扫的架空保温管散热热阻要大得多。土壤热阻大约是风吹热阻的 10 倍到 20 倍。直埋蒸汽保温管与冷水、热水保温管保温结构稍有差别。水管的保温材料主要为硬质聚氨酯泡沫，保温材料充满整个保温层。蒸汽保温管的保温层与蒸汽保温管或外套管是分开的，对于外滑动式直埋蒸汽保温管，主体保温材料层与外套管之间有一个空气夹层。空气夹层中的传热过程，抛开管道支架导热传热之外，是通过对流和辐射方式传热的。如果为真空夹层则主要通过辐射方式传热。关于保温夹层中的传热计算将在下一节讨论。为了本节讨论方便，在管道保温计算中将省略夹层热阻，且对计算结果影响不大。夹层空气导热传热比常规保温材料导热传热能力强的说法是错误的，只计算夹层空气对流的当量导热系数植入管道总热阻中的方法也是不全面的。

冷水、热水保温管保温结构简单，管道保温计算与直埋蒸汽保温管保温计算本质上相同。以下将以蒸汽保温管为例讨论直埋敷设保温管道的保温计算。

《城镇供热直埋蒸汽管道技术规程》CJJ/T 104—2014 中对管道散热计算提出两个约束条件。一是保温管的保温结构设计应保证保温管外护管表面的温度低于 50℃。二是保温管的散热损失应满足蒸汽管网单位长管线管中蒸汽温度降低的指标要求（过热蒸汽管段）。对于整体热网设计，上述两个条件都应当满足。如果在线热网增加一条支线，新增支线管道保温设计通常难以满足管线中蒸汽温度降低指标的限制条件。此时可按套管表面温度约束条件进行保温结构设计。

管道在土壤中散热热阻不仅与土壤的导热系数有关，还与保温管外护管的直径以及管道埋深有关。土壤的导热系数与土壤质量有关，与土壤含水程度有关。热网管线长几千米至几十千米。延途各点的土质会有很大变化。蒸汽管网大多为全年运行。雨季和旱季土壤含水率会有较大差别。这给土壤导热系数的取值增加较大难度。

对于埋深较浅的管道，管道中心线两侧地表面的温度较高。地面空气对流和地表面向空气辐射的影响相对明显。管道埋深较深时，地表面工况对散热的影响相对较弱。对于不同埋深，《城镇供热直埋蒸汽管道技术规程》CJJ/T 104—2014 给出了不同的表达式。

当 $\dfrac{H}{D_w} < 2$ 时，$H_L = H + \dfrac{\lambda_g}{\alpha}$

当 $\dfrac{H}{D_w} \geqslant 2$ 时，$H_L = H$

土壤传热热阻：

当 $\dfrac{H}{D_w} < 2$ 时，

$$R_g = \frac{1}{2\pi\lambda_g}\ln\left\{\frac{2H_L}{D_w} + \left[\left(\frac{2H_L}{D_w}\right)^2 - 1\right]^{0.5}\right\} \tag{4-22}$$

当 $\dfrac{H}{D_w} \geqslant 2$ 时，

$$R_g = \frac{1}{2\pi\lambda_g}\ln\frac{4H}{D_w} \tag{4-23}$$

式中　$R_g$——土壤热阻，m·℃/W；

$\quad\quad\lambda_g$——土壤导热系数，W/(m·℃)；

$\quad\quad H$——管道中心线到地表面距离，m；

$\quad\quad H_L$——管道中心线到地表面当量深度，m；

$\quad\quad\alpha$——管道埋设土壤地表面换热系数，W/(m²·℃)；

$\quad\quad D_w$——保温管的外护管外径，m。

如果计算时难以获得土壤导热系数，可取 $\lambda_g$ 为 1.5~2.0W/(m·℃)。地表面换热系数可取 10~15W/(m²·℃)。

下面通过例题演示直埋蒸汽保温管散热计算过程。

**例 4-5**　直埋蒸汽管网工程地点在南京。蒸汽温度为 300℃，管径规格为 $\phi$630，管道中心线为 1.6m 深。根据架空主干线保温结构，埋地管采用玻璃棉进行保温，玻璃棉密度为 48kg/m³，厚度为 270mm，外护钢管规格为 $\phi$1220×12。进行管道保温计算。

**解：**

按标准要求保温管外护管表面应不超过 50℃。由相关资料可知南京市地表下 1.6m 深，最热月（9 月）的温度为 24℃。本例题管道埋深为 1.6m，套管管径为 1.22m。

$$\frac{H}{D_w} = \frac{1.6}{1.22}$$
$$= 1.31 < 2$$

土壤热阻 $R_g$ 按式（4-23）计算：

$$R_g = \frac{1}{2\pi\lambda_g}\ln\left\{\frac{2H_L}{D_w} + \left[\left(\frac{2H_L}{D_w}\right)^2 - 1\right]^{0.5}\right\}$$

式中管道当量埋深：

$$H_L = H + \frac{\lambda_g}{\alpha}$$

取土壤导热系数 $\lambda_g$ 为 1.5W/(m·℃)，取地面换热系数 $\alpha$ 为 10W/(m²·℃)。

$$H_L = 1.6 + \frac{1.5}{10}$$

$$= 1.75\text{m}$$

$$R_g = \frac{1}{2\pi \times 1.5} \ln\left\{ \frac{2 \times 1.75}{1.22} + \left[ \left( \frac{2 \times 1.75}{1.22} \right)^2 - 1 \right]^{0.5} \right\}$$

$$= 0.18\text{m} \cdot \text{℃/W}$$

保温管散热量:

$$q = \frac{t_w - t_g}{R_g}$$

$$= \frac{50 - 24}{0.18}$$

$$= 142.9\text{W/m}$$

根据管道主保温层计算管道散热量,按式(4-3)计算:

$$q = \frac{2\pi\lambda(t_0 - t_w)}{\ln \dfrac{D'_w}{D_i}}$$

$$D'_w = D_i + 2\delta$$

$$= 0.63 + 2 \times 0.27$$

$$= 1.17\text{m}$$

本例中玻璃棉的密度为 $48\text{kg/m}^3$,导热系数为:

$$\lambda = 0.041 + 0.00017 \left[ \frac{1}{2}(t_0 + t_w) - 70 \right]$$

忽略空气夹层的影响,同时认为玻璃棉是干燥的。

$$\lambda = 0.041 + 0.00017 \times \left[ \frac{1}{2} \times (300 + 50) - 70 \right]$$

$$= 0.0589\text{W/(m} \cdot \text{℃)}$$

代入上面散热量公式,得:

$$q = \frac{2\pi \times 0.0589 \times (300 - 50)}{\ln \dfrac{1.17}{1.22}}$$

$$= 149.5\text{W/m}$$

根据计算结果对保温管外护管表面温度进行修正。管道主保温层的热量与管道散失到土壤中热量应相等,可得:

$$q = \frac{t_0 - t_w}{R_1} = \frac{t_w - t_g}{R_g}$$

$$\frac{2\pi \times 0.0589 \times (300 - t_w)}{\ln \dfrac{1.17}{1.22}} = \frac{t_w - 24}{0.18}$$

得 $t_w = 50.82\text{℃}$,计算结果可以接受。

本例中土壤热阻若按埋深公式计算:

$$R'_\mathrm{g} = \frac{1}{2\pi\lambda_\mathrm{g}} \ln \frac{4H}{D_\mathrm{w}}$$

$$= \frac{1}{2\pi \times 1.5} \ln \frac{4 \times 1.6}{1.22}$$

$$= 0.176 \mathrm{m} \cdot \text{℃/W}$$

与前面计算结果 $R_\mathrm{g} = 0.18\mathrm{m} \cdot \text{℃/W}$ 的误差为 $2.3\%$。考虑到土壤导热系数 $\lambda_\mathrm{g}$ 在较宽的范围 $0.37 \sim 3.8\mathrm{m} \cdot \text{℃/W}$ 分布，刻意追求计算精准，增加计算工作量，意义不大。日常计算使用式（4-16）对计算结果不会产生较大影响。

关于按热网管线每千米蒸汽温度降低指标作为管道保温限定条件的保温计算，在第 5 章将进行详细讨论。式（5-20）和式（5-21）可以完成此项计算。

## 4.5　空气夹层散热计算

保温结构选择外滑动方式的直埋蒸汽保温管，在管道保温层与外套管之间设置有空气夹层。空气夹层是由于保温管制造工艺需要而出现的。运行中的蒸汽保温管空气夹层内表面和外表面存在温差。蒸汽保温管散失的热量在穿过空气夹层时，以对流、导热及辐射方式进行。热量通过空气夹层以对流方式传热或导热方式传热取决于夹层厚度，也与夹层内外表面温度有关。依据格拉晓夫数 $Gr$ 和普朗特数 $Pr$ 的乘积量值判断。当 $Gr \cdot Pr > 10^3$ 时，夹层中空气呈对流状态。当乘积小于 $10^3$ 时，夹层空气不流动。为了便于计算，引入当量导热系数 $\lambda_\mathrm{e}$。

$$\lambda_\mathrm{e} = 0.18\lambda_\alpha (Gr \cdot Pr)^{0.25} \tag{4-24}$$

式（4-24）适用范围为 $10^3 \leqslant Gr \cdot Pr < 10^8$，当 $Gr \cdot Pr$ 小于 $10^3$ 时，取空气的导热系数为夹层空气当量导热系数。

**例 4-6**　蒸汽保温管规格为 $\phi 480 \times 8$，外套钢管规格为 $\phi 820 \times 10$。玻璃棉密度为 $48\mathrm{kg/m}^3$。玻璃棉厚度为 140mm。蒸汽温度为 203℃，土壤温度为 15℃，土壤导热系数为 $1.0\mathrm{W/(m \cdot ℃)}$。测得玻璃棉外侧温度为 52.5℃，外套钢管内表面温度为 47.5℃。又测得保温管管顶覆土深 1m。计算管道散热损失。

**解：**

本例保温层外空气夹层厚 20mm。夹层的参数如下：

夹层定性温度 $t = \dfrac{1}{2}(t_1 + t_2)$

$$= \frac{1}{2}(52.5 + 47.5)$$

$$= 50℃$$

夹层定型尺寸 $L = 0.02\mathrm{m}$；

根据定性温度 $t$ 查找对应的 50℃干空气参数，包括：

空气运动黏度 $\nu = 17.95 \times 10^{-6} \mathrm{m}^2/\mathrm{s}$；

普朗特数 $Pr = 0.698$；

空气导热系数 $\lambda_a = 0.0283\text{W}/(\text{m} \cdot \text{℃})$；

空气膨胀系数 $\beta = 323\text{K}^{-1}$。

得 $Gr = \dfrac{\beta g \Delta t L^3}{\nu^2}$

$$= \frac{9.81 \times (52.5 - 47.5) \times 0.02^3}{323 \times (17.95 \times 10^{-6})^2}$$

$$= 3770.49$$

$$Gr \cdot Pr = 3770.49 \times 0.698$$

$$= 2631.8$$

结果为 $10^3 < Gr \cdot Pr < 10^8$

夹层空气当量导热系数：

$$\lambda_e = 0.18\lambda_a(Gr \cdot Pr)^{0.25}$$

$$= 0.18 \times 0.0283 \times (2631.8)^{0.25}$$

$$= 0.0365\text{W}/(\text{m} \cdot \text{℃})$$

保温管通过夹层空气对流散失的热量：

$$q_c = \frac{2\pi\lambda_e\Delta t}{\ln\dfrac{d_2}{d_1}}$$

$$= \frac{2\pi \times 0.0365 \times (52.5 - 47.5)}{\ln\dfrac{800}{760}}$$

$$= 22.36\text{W}/\text{m}$$

保温管通过空气夹层辐射散失的热量由式（4-18）计算：

$$q = \pi D_1 \varepsilon \sigma (T_1^4 - T_2^4)$$

本例取玻璃棉外表面黑度 $\varepsilon$ 为 0.9，得：

$$q = \pi \times 0.76 \times 0.9 \times 5.668 \times 10^{-8} \times [(273 + 52.4)^4 - (273 + 47.5)^4]$$

$$= 82.09\text{W}/\text{m}$$

总散热量等于夹层空气对流散热与辐射散热之和：

$$q_L = 22.36 + 82.09$$

$$= 104.45\text{W}/\text{m}$$

本例通过玻璃棉保温层散热量：

$$q_L = \frac{2\pi\lambda(t_0 - t_1)}{\ln\dfrac{d_1}{d_0}}$$

玻璃棉保温层导热系数：

$$\lambda = 0.041 + 0.00017\left[\frac{1}{2}(t_0 + t_1) - 70\right]$$

$$= 0.041 + 0.00017 \times \left[\frac{1}{2} \times (203 + 52.5) - 70\right]$$

$$= 0.0508\text{W}/(\text{m} \cdot \text{℃})$$

$$q_L = \frac{2\pi \times 0.0508 \times (203 - 52.5)}{\ln\frac{760}{480}}$$

$$= 104.6 \text{W/m}$$

与夹层综合散热结果基本吻合。

本例不考虑夹层空气热阻，按常规直埋管道散热计算方法求解：

$$q_L = \frac{2\pi(t_0 - t_g)}{\frac{1}{\lambda_1}\ln\frac{d_1}{d_0} + \frac{1}{\lambda_g}\ln\frac{4H}{d_2}}$$

$$= \frac{2\pi(203 - 15)}{\frac{1}{0.0508}\ln\frac{760}{480} + \frac{1}{1.0}\ln\frac{4 \times 1410}{820}}$$

$$= \frac{1181.24}{9.046 + 1.928}$$

$$= 107.6 \text{W/m}$$

界面温度 $t_1 = t_0 - \dfrac{q_L R_1}{2\pi}$

$$= 203 - \frac{107.6 \times 9.046}{2\pi}$$

$$= 48℃$$

结果与套管外表面温度（47.5℃）接近。

由（例 4-5）计算结果可以知道，保温管道中因生产工艺需要而出现的空气夹层的热阻相对于保温材料构建的保温管基本热阻，空气夹层热阻较小。在保温计算中把空气夹层热阻计算到总热阻中，对计算结果影响不大，但计算过程较繁杂。空气夹层热阻中辐射传热热阻很小，防辐射措施效果有限，且工艺复杂。因生产工艺需要形成的空气夹层厚度很难小于 10mm。因此在空气夹层中空气处于流动状态，要按照对流方式计算通过空气夹层的热量。认为空气夹层中空气具有比主体保温材料更好的保温功能的观点是不成立的。

# 第 5 章

# 热网水力计算和热力计算

建设热网目的是从一个集中地点取得热量，用某种物质作为载体，将所获取的热量输送到需要热能的各个用户。要实现上述目标，需要先行设计，尽量用小的代价，满足用户的需要。这里传送热量的载体主要是水和水蒸气。热水主要用于建筑物冬季取暖。冷水用于夏季建筑物空调系统。水蒸气则主要为工业用户提供热量，集中提供热量的点称为热源点。以蒸汽输配为例，热源点除了保证对外供应一定数量的蒸汽，所供应蒸汽的性质也是确定的。表现蒸汽性质的参数有压力（指压强）和温度，蒸汽的数量用一定时间提供蒸汽的质量来描述。用户对蒸汽的品质（压力、温度）也有明确要求。当热源点的位置和众多热量用户的位置确定之后，就需要进行设计计算，选择合适尺寸的管道，并为管道作适当的保温，使得达到用户端的蒸汽品质能够满足用户要求，此处提到的设计计算是热网水力计算和热网热力计算。

## 5.1 热网水力计算

进行热网水力计算之前需要复习一下流体力学基础知识。

流体，包括水或水蒸气在管道中流动。流体在管道中从压力高的一端向压力低的一端流动，正是由于管道首端流体的压力比管道尾端流体的压力高，管道中的液体或气体才会流动，成为流体。管道首、尾流体压力的差值称为资用压头。由于存在资用压头，管道中的液体或气体才流动。相反，管道首尾液体或气体压力相等，管中的液体或气体保持静止。

管道中流体在流动过程中，流体分子间会发生碰撞、摩擦。分子间碰撞、摩擦造成动能损失，体现在消耗流体的资用压头。流体在管道中流动时，流体分子还可能与管壁发生摩擦，同样会消耗流体的资用压头。总而言之，流体在管道中流动是会受到阻力的。管道越长，流动阻力越大，消耗的资用压头越多。对于流体在均匀的长直管道中受到的阻力称为沿程阻力，用下面的公式表示：

$$\Delta P = RL \tag{5-1}$$

式中　　$\Delta P$——流体在既定管道中流动受到的阻力，MPa；

　　　　$R$——每单位长度管道中产生的阻力，MPa/m；

　　　　$L$——流体经过的管道长度，m。

热网中不仅有均匀笔直的管道，还具有转弯、分流的管道。热网中还会配置阀门、补偿器等提供特定功能的部件。流体流经上述部件，流体的流动状况会受到干扰。例如流体遇到弯头，流体流动方向被迫改变。流体中会形成漩涡。流体分子之间碰撞、摩擦加剧，产生额外的压力损失，称为局部阻力损失。对于热网中流体产生的局部阻力损失的计算方法之一，是将引起局部阻力损失的部件的阻力作用，转化为部件所在管段一定长度管道的沿程阻力。例如一个 $DN300$ 曲率半径为 $2d$ 的弯头的阻力与 12.1m 同口径的直管的阻力相当，12.1m 就是这个弯头的当量长度。因此，流体流经一段管道中设置有某种管件的管段受到的全部阻力为：

$$\Delta P = R(L + L_m) \tag{5-2}$$

式中　$L_m$——管网中管件产生流动阻力的当量长度，m。

流体在管道中流动，流体流动速度越快，受到的阻力越大。管径越小，阻力越大。流体比容越大阻力越大。流体力学中单位长管道中流体流动受到的阻力称为比摩阻。流体力学中用下式计算比摩阻：

$$R = \frac{\lambda}{d} \cdot \frac{\rho v^2}{2} \tag{5-3}$$

式中　$R$——比摩阻，$Pa/m$；

　　　$\lambda$——流体与管道之间摩擦系数，无量纲；

　　　$v$——流体在管中流速，m/s；

　　　$\rho$——流体的密度，$kg/m^3$；

　　　$d$——管道内径，m。

式（5-3）中流体与管道的摩擦系数 $\lambda$，与管中流体的流动状态有关。水力学中，流体流动状态分为两种，层流和紊流。在热网水力计算中几乎没有层流工况，都为紊流流态。在紊流流动中，又分为三个区域，分别是水力光滑区、过渡区和水力粗糙区。后者又称为阻力平方区。判断流体在管道中流动状态，依据雷诺数的大小，范围划分如下：

水力光滑区：$2000 < Re \leqslant 0.32 \left(\dfrac{d}{K}\right)^{1.28}$

过渡区：$0.32 \left(\dfrac{d}{K}\right)^{1.28} < Re \leqslant 1000 \dfrac{d}{K}$

水力粗糙区：$1000 \dfrac{d}{K} < Re$

流体在管道中流动的摩擦系数通过实验整理得到。阿里特苏里公式适用于所有紊流区域，

$$\lambda = 0.11 \left(\frac{K}{d} + \frac{68}{Re}\right)^{0.25} \tag{5-4}$$

式中　$K$——管道的当量粗糙度，m；

　　　$d$——管道内径，m；

　　　$Re$——雷诺数。

$$Re = \frac{vd}{\nu} \tag{5-5}$$

式中　$v$——流体流速，m/s；

　　　$\nu$——流体的运动黏滞系数，$m^2/s$。

在紊流粗糙区，雷诺数 $Re$ 数值很大，使式（5-4）中括号内第二项的值变得很小。将第二项忽略不计，对计算结果的精度影响不大。式（5-4）可以由更简便的谢弗林逊公式

替代，计算结果十分相近。谢弗林逊公式如下：

$$\lambda = 0.11 \left(\frac{K}{d}\right)^{0.25} \tag{5-6}$$

早年热力管网主要采用普通碳素钢裸钢管输送冷、热水和蒸汽。碳素钢管在有水有氧甚至有盐的环境工作，钢管表面发生锈蚀在所难免。管道当量粗糙度（也叫绝对粗糙度或粗糙度）数值较大，流动状态基本落在水力粗糙区，也叫阻力平方区。流体与管道的摩擦系数$\lambda$用式（5-6）计算即可。随着时间的推移，塑料管道进入供热领域。钢管内壁涂敷光滑材料，应用衬塑技术，使管道内壁光滑程度提高。流动状态已跨越水力粗糙区上边界，进入紊流过渡区。此时，应用式（5-6）会存在较大误差，需要使用式（5-4）。在水力光滑区及一部分水力粗糙区（已覆盖了过渡区）范围，通过实测得到的经验公式——海澄-威廉公式也得到广泛应用。

$$R = 105 K_1 G^{1.825} C_h^{-1.852} d^{-4.87} \times 10^{-3} \tag{5-7}$$

式中　$R$——管道沿程比摩阻，MPa/m；

　　　$G$——水流量，$m^3/s$；

　　　$C_h$——海澄-威廉系数，无量纲；

　　　$K_1$——水温修正系数，无量纲；

　　　$d$——管道内径，m。

式（5-7）适用于流体为清水，且$10^4 < Re < 2 \times 10^6$。

水温修正系数$K_1$值见表5-1。

海澄-威廉系数$C_h$和当量粗糙度$K$

表 5-1

**水温修正系数 $K_1$（适用于塑料管）**　　　　　　　　　　表 5-1

| 水温（℃） | 10 | 20 | 30 | 40 | 50 | 55 | 60 | 65 | 70 | 75 |
|---|---|---|---|---|---|---|---|---|---|---|
| $K_1$ | 1.00 | 0.943 | 0.895 | 0.856 | 0.822 | 0.808 | 0.793 | 0.781 | 0.769 | 0.761 |

其他温度下的修正系数可用下式导出：

$$K_1 = \left(\frac{\nu}{\nu_0}\right)^{0.226} \tag{5-8}$$

式中　$\nu$——对应温度时水的运动黏滞系数，$m^2/s$；

　　　$\nu_0$——10℃水的运动黏滞系数，$m^2/s$。

对于不同材料、不同内衬的管道，式（5-7）中海澄-威廉系数的值是不同的。管道内表面当量粗糙度$K$值也不同。热网管道中常用系数（$C_h$，$K$）见表5-2。

**海澄-威廉系数 $C_h$ 和当量粗糙度 $K$**　　　　　　　　　表 5-2

| 管材及内衬 | 海澄-威廉系数 $C_h$ | 当量粗糙度 $K$（$10^{-3}$m） |
|---|---|---|
| 聚乙烯管 | 150（新）/140（25年以上） | 0.01～0.015 |
| 聚氯乙烯管 | 150（新）/140（25年以上） | 0.0015～0.007 |
| 玻璃钢管 | 150 | 0.01 |
| 镀锌钢管 | 150（新）/130（25年）/100（50年） | 0.15 |
| 钢管（新） | 145 | 0.045～0.09 |
| 钢管（旧） | — | 0.5 |
| 钢管（蒸汽） | — | 0.2 |

在热网规划阶段，尚无法准确地设定热网管道的各种配置。在进行初步的管网水力计算时可以采用局部阻力当量系数替代管网当量长度。用 $\beta$ 表示热网局部阻力当量长度系数。可取 $\beta$ 值为 $0.3 \sim 0.9$。管径越大，取值越大，$DN100 \sim DN1000$ 依次排列。

根据设计经验，下列数值也可进行参考。

冷水、热水管网沿程比摩阻 $R$ 为 $0.03 \sim 0.08MPa/km$。

冷水、热水管网中水的流速 $v$ 为 $1 \sim 3m/s$。

过热蒸汽，当管道 $D < 200mm$ 时，$v$ 为 $30 \sim 50m/s$，当管道 $D > 200mm$ 时，$v$ 为 $40 \sim 80m/s$。

流速过低易引起杂质沉积，但流速过高会对管道，尤其是弯头过分冲刷，使管壁磨蚀。

在蒸汽管网设计中，更习惯采用蒸汽流量 $G$（t/h）而不是流速 $v$（m/s）。两者的关系如下：

$$v = \frac{1000 \times G}{\frac{\pi}{4}d^2 \times 3600 \times \rho} = \frac{G}{0.9 \times \pi d^2 \times \rho} \tag{5-9}$$

式中 $G$——蒸汽质量流量，t/h。

其余参数与前文相同。

将式（5-2）、式（5-3）、式（5-6）和式（5-9）以及表 5-2 钢管粗糙度 $K$，整理可以得到室外冷水、热水管道（钢管）的阻力计算公式：

$$\Delta P = \frac{0.00103(L + L_m)G^2 \times 10^{-6}}{\rho d^{5.25}} \tag{5-10}$$

室外蒸汽管道（普通钢管）

$$\Delta P = \frac{0.000818(L + L_m)G^2 \times 10^{-6}}{\rho d^{5.25}} \tag{5-11}$$

热网水力计算有以下几种：

1. 对一个管段，已知管段长度 $L$，流量 $G$ 和管段资用压头 $\Delta P$。求满足要求的管径 $d$。以蒸汽管网为例，根据公式（5-11），可得：

$$d = \left[ \frac{0.000818 \times (1 + \beta)LG^2 \times 10^{-6}}{\rho \Delta P} \right]^{0.19} \tag{5-12}$$

式（5-12）中除了 $L$、$G$ 和 $\Delta P$ 之外，还有 $\beta$ 和 $\rho$。局部阻力当量长度系数 $\beta$ 的取值与管径 $d$ 有关。管径越大，$\beta$ 值越大。在管径 $d$ 未知的情况下，可先估计一个 $\beta$ 值。待初步求得管径 $d$ 之后，再根据求得的 $d$ 值调整 $\beta$ 值重新计算。蒸汽密度 $\rho$ 取决于蒸汽压力和蒸汽温度。对于较短的管段，根据管段入口蒸汽压力和温度查对应的蒸汽密度 $\rho$ 值代入式（5-12）中计算即可得管径 $d$。如果管段足够长，蒸汽密度在管道中可能有较大的降幅。管中蒸汽的温度也和压力一样逐步下降。且管道终点温度需经过管段热力计算得知。蒸汽的密度主要受压力影响，压力越大，密度越大。要求不严格时，按管段入口的蒸汽压力和温度值确定蒸汽的密度 $\rho$，计算管径是可以接受的。式（5-12）求得的值是管道的内径。蒸汽钢管须是定型产品。管道直径分级从小到大，根据求得的 $d$ 值，选相近的规格。

对于蒸汽管网，热网的负荷（即热网流量），是一个较难把握的参数。根据用户申报的水蒸气用量汇总，结果往往偏高，偏大一倍的情况也有发生。得到尽量准确的流量值，对于选定管段的直径十分重要。其原因为，在式（5-12）中，蒸汽流量以平方关系影响计算结果。蒸汽管网中的用户往往为几十家甚至上百家。在统计管段负荷时需要考虑使用系数。对此，应加以注意，否则，可能造成所选的管径偏大（散热量大），而实际流量偏小的情况。结果沿程压降幅度偏小，而温降幅度偏大，管网下游过早饱和，对管网热效率十分不利。此问题下一节将详细讨论。

2. 对于一个既定的管段，已知管段展开长度 $L$，当量长度 $L_m$，管径 $d$。已知管段入口的蒸汽压力、温度。根据给定的该管段的压降 $\Delta P$，求可以通过的流量 $G$。变换式（5-11）得：

$$G = \left[ \frac{\rho d^{5.25} \Delta P}{0.000818(L + L_m) \times 10^{-6}} \right]^{0.5} \tag{5-13}$$

在流量 $G$ 未知的情况下，管段终点的蒸汽温度也是未知的。理论上该管段的平均蒸汽密度 $\rho$ 值也是未知的。前面已经提到过，蒸汽的密度受压力影响更大，受温度影响较小。因此，可用管段平均蒸汽压力和管段入口温度查对应的蒸汽的密度，所得蒸汽密度值与"准确"值不会有太大偏差，且只会偏小。所计算得的管段运输蒸汽的能力是偏于安全的。

3. 对于既定的管段，已知管径 $d$，管线长度 $L$ 和当量长度 $L_m$，已知管段入口处蒸汽压力 $P$ 和蒸汽温度 $t$，求对于各种流量 $G$ 工况下管段压降 $\Delta P$。

求解此问题直接使用式（5-11），这里仍然遇到前面反复出现的老问题，管段终点的蒸汽压力未知，则管段终点的蒸汽密度 $\rho$ 值也未知。式（5-11）中的 $\rho$ 值就不能准确获取。如果对计算结果的准确度要求不高，可根据管段入口的蒸汽压力、温度确定蒸汽密度 $\rho$，代入式（5-11）计算即可。计算结果，$\Delta P$ 值会偏大，这往往是偏于安全的。如果希望计算结果尽量准确，则可根据第一次计算的结果求管段平均压力，并依据结果修正管段平均蒸汽密度，代入式（5-11）重新计算即可。通常修正一次，计算结果就足够准确了。

以上的讨论涉及管网中管件产生的局部阻力，引用的是与引起局部阻力的管件作用相当的管道长度，称为当量长度方法。管件的局部阻力效应，还可以用局部阻力系数（表 5-3）来表述。不同的管件引起局部阻力的强度不同。有些管件，比如阀门，引起的局部阻力还与管件的口径有关。用 $\xi$ 代表管件的局部阻力特性，则局部阻力：

$$\Delta P_l = \xi \frac{\rho v^2}{2} \tag{5-14}$$

式中　$\Delta P_l$——一个管件引起的局部阻力，MPa；

　　　$\xi$——管件（管径 $d$）的局部阻力系数，无量纲。

**热网管件局部阻力系数 $\xi$**　　　　　　　　　　　　　表 5-3

| 热网管件 | | 局部阻力系数 $\xi$ | 热网管件 | | 局部阻力系数 $\xi$ |
|---|---|---|---|---|---|
| 套筒补偿器 | — | 0.4 | 弯头（90°，光滑） | $R=5d$ | 0.2 |
| 波纹补偿器 | 轴向有内套 | 0.2 | 弯头（45°，光滑） | — | 0.3 |
| 波纹补偿器 | 轴向无内套 | 2 | 分流三通（干线） | — | 1 |
| 弯头（90°，光滑） | $R=d$ | 0.5 | 分流三通（支线） | — | 1.5 |
| 弯头（90°，光滑） | $R=1.5d$ | 0.5 | 截止阀 | — | 7 |
| 弯头（90°，光滑） | $R=2d$ | 0.5 | 闸阀 | — | 0.5 |
| 弯头（90°，光滑） | $R=3d$ | 0.4 | 旋启止回阀 | — | 1.7 |
| 弯头（90°，光滑） | $R=4d$ | 0.3 | 升降止回阀 | — | 7 |

一个管段总的阻力为：

$$\Delta P = RL + \sum\xi \times \frac{\rho v^2}{2} \tag{5-15}$$

根据式（5-3），式（5-15）可变成：

$$\Delta P = \frac{\lambda}{d} \times \frac{\rho v^2}{2} \times L + \sum\xi \times \frac{\rho v^2}{2}$$

$$= \frac{\lambda}{d} \times \frac{\rho v^2}{2} \left( L + \sum\xi \times \frac{d}{\lambda} \right) \tag{5-16}$$

又由式（5-2）可得当量长度：

$$L_{\mathrm{m}} = \sum\xi \times \frac{d}{\lambda} \tag{5-17}$$

取蒸汽管道的粗糙度 $K = 0.2 \times 10^{-3}\mathrm{m}$，水管粗糙度 $K = 0.5 \times 10^{-3}\mathrm{m}$，则某种管件的当量长度（见表 5-4）：

蒸汽管道 $\qquad\qquad L_{\mathrm{m}} = 76.445 d^{1.25}\xi \tag{5-18}$

水管 $\qquad\qquad\qquad L_{\mathrm{m}} = 60.795 d^{1.25}\xi \tag{5-19}$

**热网局部阻力当量长度 $L_{\mathrm{m}}$（m）** 表 5-4

| 管道规格 | | $\phi377\times7$ | $\phi426\times8$ | $\phi480\times8$ | $\phi530\times8$ | $\phi630\times8$ | $\phi720\times9$ | $\phi820\times10$ | $\phi920\times10$ | $\phi1120\times10$ | $\phi1220\times12$ |
|---|---|---|---|---|---|---|---|---|---|---|---|
| $\lambda\times10^{-2}$ | 水管 | 2.119 | 2.055 | 1.993 | 1.943 | 1.858 | 1.797 | 1.739 | 1.689 | 1.645 | 1.572 |
| | 蒸汽管道 | 1.685 | 1.634 | 1.585 | 1.545 | 1.478 | 1.429 | 1.383 | 1.343 | 1.308 | 1.25 |
| 旋转补偿器（汽） | | 71 | 83 | 97 | 110 | 137 | 162 | 191 | 221 | 252 | 317 |
| 波纹补偿器（轴、汽） | | 2.15 | 2.51 | 2.93 | 3.33 | 4.15 | 4.91 | 5.78 | 6.7 | 7.65 | 9.6 |
| 波纹补偿器（轴、水） | | 1.71 | 2 | 2.33 | 2.65 | 3.3 | 3.94 | 4.6 | 5.33 | 6.08 | 7.63 |
| 弯头 R1.5D、汽 | | 10.77 | 12.54 | 14.64 | 16.64 | 20.77 | 24056 | 28.92 | 33.51 | 38.22 | 48.01 |
| 弯头 R1.5D、水 | | 8.56 | 9.97 | 11.64 | 13.23 | 16.52 | 19.53 | 23 | 26.65 | 30.4 | 38.18 |

注："轴"指轴向型；"汽"指蒸汽管道；"水"指水管。

## 5.2　热网热力计算

热力管网包括供暖热水管网、空调冷水管网、供暖蒸汽管网和生产企业用蒸汽管网。水网和蒸汽网管道中介质有性质上的重大差别。运行方式也差异很大。驱动介质在管道中流动的动力源也完全不同。因此，水网和蒸汽网热力计算内容也不同。对于水网热力计算的论著很多，本书不再重复，本节将主要讨论蒸汽管网的热力计算。

蒸汽管网主要是为生产企业供热的管网。大多数管网中的介质是热电厂提供的过热蒸汽，这种配置称为热电联产。对热能而言属于能源梯级利用。高品位的蒸汽（高温、高压）先用于发电，经过蒸汽轮机做功（全部或部分）之后，蒸汽品位有所下降，但仍有足够多的热能。经热网送到用热企业，在企业加工产品中用于烘干、蒸煮或其他用途。作为用户方（企业）对热的数量有要求，表现为每小时需要多少吨蒸汽。同时对蒸汽质量也有要求，表现为要求蒸汽具有一定压力。对于需要热量的用户，需要的是饱和蒸汽。当蒸汽压力确定之后，相应的饱和温度也就确定了。

根据企业生产作业要求，热网中大多数用户需要 130～150℃饱和蒸汽。相应的蒸汽压力为 0.17～0.38MPa（表压），另有少量企业需要 150～250℃的饱和蒸汽，相应的压力为 0.4～3.9MPa，后者属于中温中压用户。要求蒸汽温度 250～300℃的用户属于高温用户，该类型用户非常少。

作为热网的热源方——热电厂，在汽轮机输入侧蒸汽的品位（压力、温度）是确定的。汽轮机中间或末端送出的蒸汽品位越低，发电效率就越高。对于热力管网一侧，管网入口蒸汽温度越高，管中蒸汽与环境温度之差就越大，即驱动管道散热的"势"就越强，使用管网的热效率越低。对此，将在第 7 章进行讨论。从热电联产方面统筹考虑，蒸汽管网入口蒸汽的压力、温度是确定的（蒸汽的焓值也就确定了），且只有下调的可能，没有上调的空间（配汽除外）。综上所述，蒸汽管网的可资用焓差是封顶的。

蒸汽管网另一个重要特征是管网中流动的蒸汽数量取决于用户方而不是蒸汽供给方。随着时间推移，用户使用蒸汽数量有增有减。有的用户间歇使用蒸汽。当管道下游使用蒸汽需求停止时，从宏观上管道中蒸汽停止流动。但管道中仍然充满蒸汽，管道散热并未停止，散热强度变化不大，甚至保持不变。这种工况下，管中蒸汽饱和，饱和的蒸汽释放汽化潜热用以维持管道散热。放出潜热的蒸汽发生相变，由水蒸气转变成水。而用户不使用水。管中积水妨碍管网安全，除采用特定技术处理外，均需要排到管网外面。管网排冷凝水的同时带走较多热焓，通常所排冷凝水的温度在 130℃以上，甚至高达 180℃。其初始状态是环境温度下（如 20℃）的水，在进入锅炉之前还进行了除氧和化学处理，花费了成本。由于经济上的原因，热网产生的冷凝水无法由热源厂回收。

前面章节中已经提到，蒸汽管网在不同的时间，管网中蒸汽的压力、温度、焓值可能不相同。同一规格的管段（没有分支）中蒸汽流量也随时间推移而改变。在既定时间段，管网中既定的管段中蒸汽可能是过热蒸汽，也可能是饱和蒸汽，还有可能上游管段中蒸汽过热，下游管段中蒸汽饱和。对于上述不同状况，管网热力计算的公式也不同。

### 1. 过热管段

过热管段的热平衡公式为：

$$10^3 \times G(h_o - h_e) = q(1 + a)L \times 3.6 \tag{5-20}$$

式中　$G$——管中蒸汽流量，t/h；

$h_o$——管段入口蒸汽焓值，kJ/kg；

$h_e$——管段出口蒸汽焓值，kJ/kg；

$q$——管段平均散热强度，W/m；

$L$——计算管段长度，m；

$a$——管段附加热损失系数，应取 0.1～0.2。

进入管道的是过热蒸汽，蒸汽焓值由入口蒸汽压力和温度所确定，其值为 $h_0$。管道吸收蒸汽的热量并释放到周围环境（大气或土壤）。散热强度取决于蒸汽与环境的温差，以及管道保温的能力（取决于保温材料的性能、厚度、状态），即式（5-20）中的 $q$。变换式（5-20），可得：

$$h_e = h_0 - \frac{q(1+\alpha)L \times 3.6 \times 10^{-3}}{G} \tag{5-21}$$

### 2. 饱和管段

管段入口的蒸汽是饱和蒸汽，管段散热迫使管道中一部分蒸汽发生相变，由饱和蒸汽变成饱和水。蒸汽相变释放汽化潜热。管道吸收汽化潜热，并通过管道保温层向周围环境散热。饱和蒸汽管段的热平衡关系如下：

$$G_e(h_0 - h_e) + G_c(h_0 - h'_s) = q(1+\alpha)L \times 3.6 \times 10^{-3} \tag{5-22}$$

式中　$G_e$——管段出口蒸汽流量，t/h；

$\quad\quad G_c$——管段中产生的冷凝水量，t/h；

$\quad\quad h'_s$——管段中产生的冷凝水的焓值，kJ/kg。

当管段中出口蒸汽量为零，即热量用户在该时间段不需要使用蒸汽，式（5-22）变成：

$$G_c(h_0 - h'_s) = q(1+\alpha)L \times 3.6 \times 0^{-3}$$

或

$$G_c r = q(1+\alpha)L \times 3.6 \times 10^{-3} \tag{5-23}$$

式中　$r$——汽化潜热，kJ/kg。

式（5-23）表明，在用户不需要蒸汽时，管道散热仍在进行。这对热网热效率十分不利。

将式（5-22）变换后得：

$$G_0 h_0 - G_e h_e = q(1+\alpha)L \times 3.6 \times 10^{-3} + G_c h'_s \tag{5-24}$$

与式（5-20）相比，式（5-24）等号右侧除了管段基本散热外，还多出了冷凝水失热损失。蒸汽管网中产生的冷凝水温度在 150～180℃，具有较高的热量。排掉冷凝水将损失较多热量。

### 3. 过渡管段

当管段中蒸汽流量低，或管段较长，进入管段的过热蒸汽携带的过热热量不足以抵偿管道散失的热量，蒸汽在管段终点之前进入饱和状态。之后维持饱和状态流出管段。这种工况管段前段是过热管段，后段是饱和管段。

令过热段长度为 $L_1$，该段散热强度为 $q_1$。后段饱和段长度为 $L_2$，散热强度为 $q_2$。入口流量为 $G_0$，出口流量为 $G_e$，管段产生冷凝水量为 $G_c$。入口过热蒸汽焓值为 $h_0$，饱和段起点蒸汽焓值为 $h_s$，出口蒸汽焓值为 $h_{es}$，则：

$$G_0 = G_e + G_c$$

根据式（5-20）可得：

$$G_0(h_0 - h_s) = q_1 L_1 (1+\alpha) \times 3.6 \times 10^{-3}$$

且

$$G_e(h_o - h_s) = q_1 L_1(1+\alpha) \times 3.6 \times 10^{-3} - G_c(h_o - h_s) \qquad ①$$

管段后段饱和管段热平衡公式引用式（5-22）。在式（5-22）中的参数 $h_o$ 应换成初始饱和总焓 $h_s$，终点焓值 $h_e$ 换成 $h_{es}$。

$$G_e(h_s - h_{es}) = q_2 L_2(1+\alpha) \times 3.6 \times 10^{-3} - G_c(h_s - h'_s) \qquad ②$$

式①+②得：

$$G_e(h_o - h_{es}) = (q_1 L_1 + q_2 L_2)(1+\alpha) \times 3.6 \times 10^{-3} - G_c(h_o - h'_s) \qquad (5-25)$$

式（5-24）经推导，还可以用另一种形式表达：

$$G_o(h_o - h_{es}) + G_c\gamma = (q_1 L_1 + q_2 L_2)(1+\alpha) \times 3.6 \times 10^{-3} \qquad (5-26)$$

式（5-25）和式（5-26）适用于各种工况的蒸汽管网。从上述公式中可知：

1）对于既定的热网用户，管线入口、出口蒸汽的焓值是确定的。蒸汽流量也取决于用户。在这种条件下，管道散热强度 $q$ 越高，管线产生的冷凝水 $G_c$ 就越多。冷凝水通常要排到管网外，带走较多的热量。排冷凝水对管线散热强度 $q$ 没有影响。排冷凝水在管道常规散热的基础上又增加了一部分热损失。相当于饱和管段部分管道基本散热量的 30%～40%。管道基本散热强度 $q$ 偏高引起管线产生冷凝水，使管线总热损失更高，即"因为状况差使得结果更差"。

2）设计、建造蒸汽管网应使管线附加散热系数 $\alpha$ 保持小于 0.1～0.2。蒸汽管网热平衡式（5-20）～式（5-26）中 $\alpha$ 取 0.1～0.2，但并非 $\alpha$ 值天然地小于或等于 0.1～0.2。目前在线热网附加散热系数 $\alpha$ 大于 0.2 的情况有许多。降低管道基本散热强度 $q$ 并不容易。而管网附加散热损失却可以在不经意中使热网状况变差。关注热网附加散热损失，最大限度地减少管网附加散热，是热网设计的重点之一。

3）对于距离热源较远的管线，入口蒸汽热量往往已所剩不多。在一定流量下，从管线入口蒸汽较弱的过热状态变成饱和蒸汽状态所经过的路程往往也很短。只要蒸汽流量不变化，饱和点到管段入口的距离也基本不变化。饱和点之后是饱和管段。管线越长饱和段越长，对拉低管网热效率的"贡献"越大。管线长度要与蒸汽量相匹配。没有足够多的蒸汽流量，不可以引很长的管线。针对以上提到的问题后面章节会讨论蒸汽管网的量长比。

4）鉴于管网冷凝水使管网失热过程更严重，蒸汽供热管网应选择过热蒸汽为介质。若无法获得过热蒸汽，管网规模应为小型，除非将高温的冷凝水就地汽化重返管网。

5）提高管网总入口蒸汽焓值可以减少或避免下游管段产生冷凝水。管网总入口焓值提高通过提高热网入口蒸汽温度来实现。对于热电联产系统这会降低电厂的热效率。与能源梯级利用的原则相悖。对于蒸汽管网，介质温度提高，提高了全线蒸汽与环境之间的温差。使公式等号右侧的管道基本散热强度 $q$ 值上升，形成对冲效果。因此，提高热网入口蒸汽温度对减少管网冷凝水量有效，但作用有限，不应作为首选，更不应滥用。通过提高热网入口蒸汽温度的做法，总体上弊大于利。

6）蒸汽管网的运行依靠足够多的连续不断的蒸汽流量，这依赖于使用蒸汽量较大用户的贡献。这在蒸汽管网筹建可行性论证阶段十分重要。

# 第6章

# 热网管道强度与稳定

## 6.1 基本概念

为了方便理解和切入本章中要讨论的涉及热力管道强度计算的知识，有必要将相关的一些概念、定义汇集到一起进行介绍。这对热能专业的读者或许会提供一定帮助。

**1. 强度**

热网管道及热网保温材料受到外力作用，例如重力作用、管内介质压力作用、外部挤压、撕扯，材料可能断裂、爆破。热网管道、管件抵抗外部力的作用，自身不断、不破、不裂的能力称为管道材料的强度。

**2. 刚度**

管道、管件在受到外部力的作用，包括自身重力作用，形状发生过度变化，以致丧失工作能力。热网管道、管件抵抗外部力作用，不产生过度形变的能力称为管道、管件的刚度。

**3. 应变**

管道、管件受到外力作用，其形状、尺寸发生改变。发生了的变化称为应变，用变化的相对比率来表示。表示应变的符号为 $\varepsilon$。

$$\varepsilon = \frac{\Delta L}{L} \tag{6-1}$$

例如一根长 100m 的钢管，发生了 250mm 长度变化。$L = 100m$，$\Delta L = 0.25m$。

$$\varepsilon = \frac{\Delta L}{L}$$
$$= \frac{0.25}{100}$$
$$= 0.0025$$

该钢管发生的应变等于 0.0025。

**4. 应力**

材料受到外力作用，形状发生变化。材料内部对外力作出响应，抵制外部力的作用，使材料形状回到材料受外力作用前的状态。这种发生在材料内部单位面积上的力叫作应力。管道中会发生轴向应力，例如管道轴向受压或受拉。还有环向应力，例如蒸汽钢管中蒸汽压力作用到钢管内壁上，钢管受到圆周方向的张力，在管壁上产生环向应力。管道还可能产生扭转应力、剪切应力和弯曲应力。应力常用符号 $\sigma$ 表示。有时也用 $s$ 和 $\tau$ 代表应力。应力的单位为 Pa、MPa。$1Pa=1N/m^2$。

根据应力的定义，表示应力的公式为：

$$\sigma = \frac{F}{A}$$

(6-2)

式中　$F$——作用到构件上的外力，N；

　　　$A$——应对外力作用的构件的截面积，$m^2$；

　　　$\sigma$——应力，Pa。

由式（6-2）中可知，构件的截面积是确定的，有既定的数值。外部作用力 $F$ 变化，构件材料内的应力就变化，成正比关系。材料通常都有承受外力作用的能力。但材料的承受力是有限度的。材料的应力超过一定限度就会发生破坏。例如一根弹簧受到一定拉力，弹簧伸长。拉力撤销后弹簧收缩，并且恢复到初始长度。加大拉弹簧的外力，弹簧被拉得更长。撤掉拉力，弹簧回缩。但回不到原来的长度，对此称弹簧发生了永久塑性变形。在材料力学中称弹簧的钢材发生了屈服变形。第三次对弹簧施加更大的拉力。弹簧被不断拉长，之后弹簧杆件收缩变细，最后弹簧被拉断。对上述过程称弹簧在外力作用下应力不断增长，最初超过了钢材的弹性极限，之后应力又超过了屈服极限，随后应力继续增长，当应力超过了钢材的强度极限，钢材断裂。

### 5. 应力集中

应力集中是一个概念。应力集中没有单位，也没有指标，和应力、应变不应归到一起。之所以也列出来，是因为这个概念是必须清楚且须时刻牢记的内容。材料受到外力作用，材料内部产生应力。外界作用力越大，应力越大。应对外力作用的材料的截面积越大，材料中的应力越小。材料中应对外力作用起决定作用的是材料中应对外力作用的截面积中最小的那一个。

热力管网是一个整体，一个系统。所以在热网管道上不应存在应力集中。相反，应对外力作用的截面面积有盈余，则不会引起安全问题。

### 6. 强度极限和许用应力

材料承受的外界作用力越大，材料内部产生的应力就越大。每种材料承受应力的能力不同。即使能力强的材料，其承受应力的能力也是有限的。超过某个限度，材料便发生破坏。这个限度即为该种材料的强度极限。例如 20 号钢的强度极限为 392MPa。

工程材料很难把材料的均匀程度做到极致。严格来说或多或少都存在薄弱的"那一片"，将会出现应力集中。因此工程中不可以使构件材料接近强度极限。为了安全要在强度极限的基础上"打一个折扣"。"折扣"之后的限度叫作材料的许用应力，用符号 $[\sigma]$ 表示。例如常温下 20 号钢的许用应力是 131MPa。比强度极限小了 2/3。

### 7. 恒定应力和交变应力

应力因外力作用而产生。外力恒定不变，则应力也保持不变。外力变则应力变。力有大小变化，也有作用方向的转换。例如老式柴灶上的风箱，风箱的拉杆推进去、拉出来，风箱杆中产生拉应力，随后又转换成压应力。待风箱中活塞到达端点时，推力（或拉力）变成零。循环往复不停地交替变化。这种应力称为交变应力。在交变应力下材料容易"疲劳"，长此以往材料可能出现疲劳破坏。材料承受交变应力的能力比承受恒定应力的能力要低得多。

### 8. 线膨胀系数

以钢为材料的构件，例如钢管，在不同的温度下其长度（轴向、径向）是不同的。多数情况下温度越高构件越长，基本上与温度呈线性关系。反映材料这种特性的参数叫作线性膨胀系数，用 $\alpha$ 表示，单位是 m/(m·℃) 或 mm/(m·℃)。

线膨胀系数反映的是钢材热胀冷缩的物理性质。根据线膨胀系数的定义，有：

$$\Delta L = \alpha L \Delta t \tag{6-3}$$

式中　$\alpha$——线膨胀系数，mm/(m·℃)；

　$L$——构件长度，m；

　$\Delta t$——构件温度变化量，℃；

　$\Delta L$——构件长度变化量，mm。

低碳钢的线膨胀系数约为 0.0125mm/(m·℃)。温度不同，$\alpha$ 值也略有不同。在热网常用温度范围，$\alpha$ 可用下式计算：

$$\alpha = 0.01083 + 7.0 \times 10^{-6} t [\text{mm}/(\text{m·℃})] \tag{6-4}$$

### 9. 弹性模量

热网常用的钢材（不限于钢材）在弹性范围内，应变大则应力就大，反之亦然，且保持一定的比例。用弹性模量来反映钢材的这一物理性质，用符号 $E$ 表示，单位是 Pa 或 MPa。例如常温下 20 号钢的弹性模量为 212703MPa。和线膨胀系数一样，钢材的弹性模量也是温度的函数，用下式表示：

$$E = E_0 \left[ 1 - \left( \frac{t}{945} \right)^2 \right] \tag{6-5}$$

$E_0$ 为常温下钢材的弹性模量值。

根据弹性模量的定义，$E$ 用下式表示：

$$E = \frac{\sigma}{\varepsilon} \tag{6-6}$$

式中　$\sigma$——材料中的应力，MPa；

　$\varepsilon$——材料发生的应变，无量纲；

　$E$——材料的弹性模量，MPa。

式（6-6）代表的为胡克定律。提到材料的弹性模量若没有特别说明，则指的是 $E$，即材料拉伸变形弹性模量。与拉伸弹性模量 $E$ 相当的，为材料的剪切弹性模量，用符号 $G$ 表示，单位是 MPa。且具有剪切应力 $\tau$ 和剪切角应变 $\gamma$，以及相似的公式：

$$\tau = G\gamma$$

或

$$G = \frac{\tau}{\gamma} \tag{6-7}$$

式中　$\tau$——剪切应力，MPa；

　　　$\gamma$——剪切应变，无量纲；

　　　$G$——剪切弹性模量，MPa。

剪切作用在热网管道中出现的不多，这里略作介绍，以方便非力学专业的读者学习相关资料。

**10. 泊松比**

具有弹性的材料如钢材有如下特性。例如一根钢管，管中充满有压蒸汽。内压作用下钢管在径向会变大。在径向尺寸变大的同时，钢管在轴向发生收缩。相反，若在轴向拉伸钢管，钢管径向收缩。实验发现，在钢材的比例极限范围（比屈服极限低，比弹性极限略低），两个方向的变形成比例。其系数为：

$$\nu = \frac{\varepsilon'}{\varepsilon} \tag{6-8}$$

式中　$\nu$——材料的泊松系数，无量纲；

　　　$\varepsilon'$——径向发生的应变，无量纲；

　　　$\varepsilon$——轴向发生的应变，无量纲；

对于低碳钢 $\nu$ 值可取 0.3。

热网管道和其他工程结构类似，在运行中会有多种外力作用于管道，热网管道强度计算就是获得各种作用力的综合影响，使管道安全运行。

对于钢材，其物理性质没有方向性。这与木材是不同的。钢材的拉伸弹性模量 $E$、剪切弹性模量 $G$ 和泊松系数 $\nu$ 之间保持下列关系：

$$E = 2(1 + \nu)G \tag{6-9}$$

**11. 热应力**

钢材（包括其他材料）温度发生变化时，钢构件尺寸也将发生相应改变，即热胀冷缩。钢构件受到外力作用时，其尺寸也发生变化，即受拉伸长，受压缩短。钢管受热伸长，钢管没有受到外力作用，因此钢管内没有产生应力。假设，一根钢管长度为 $L$，受热，温度变化为 $\Delta t$。该钢管的长度出现了 $\Delta l$ 的增量。随后，钢管受到轴向的外力挤压，外作用力为 $F$。在外力作用下钢管缩短，收缩的长度为 $\Delta l$。钢管长度回到被加热之前的状态。在外力作用下钢管产生的应变为：

$$\varepsilon = \frac{\Delta l}{L} \tag{6-10}$$

钢管中产生的应力为：

$$\sigma = \frac{F}{A} \tag{6-11}$$

其中 $A$ 是钢管的管壁横截面面积。钢管外径为 $D_\circ$，壁厚为 $\delta$，钢管管壁横截面面积为：

$$A = \pi(D_\circ - \delta) \times \delta$$

由式（6-1）、式（6-3）和式（6-6）可得：

$$\sigma = E\varepsilon$$

$$\sigma = E\frac{\Delta l}{L}$$

$$\sigma = E\frac{\alpha L \Delta t}{L}$$

$$\sigma = E\alpha \Delta t \tag{6-12}$$

热网管道温度发生了改变，同时热网受外界约束。例如一条直管两端由固定支架锁定。管道既不能伸长，也不能缩短。当钢管温度发生变化时，管道两端的固定支架被动地对管道施加了外力。管道管壁内产生了压应力（或拉应力）。这种管道受外界约束而不发生尺寸变化，在管道温度改变时，引起管壁中产生的应力称为温度应力或热应力。

### 12. 高温蠕变

很多材料特性为越冷越硬越脆，温度越高越软越柔。温度使材料内部结构发生缓慢变化。钢材也一样，在高温下，钢管受到外力作用（如管内蒸汽压力），随着时间推移，在应力保持不变的情况下，钢管逐渐变形，且不可恢复，属于塑性变形。最终使材料断裂。对于上述现象称为钢材高温蠕变。

构成材料蠕变的条件是高温、应力和长时间。蠕变发生的温度区间通常都比较宽泛。温度越高，蠕变现象越明显。

热网管道大量采用的碳钢在 400℃ 时要考虑蠕变发生。当温度到达 450℃ 以上时会很危险。低合金钢如铬钼钢，从 450℃ 时开始发生蠕变现象。奥氏体不锈钢以大约 540℃ 为蠕变发生起点，应防范蠕变。

### 13. 疲劳和疲劳极限

工程中发现，有的构件曾一直正常工作，构件承受的荷载在构件内产生的应力没有达到屈服极限，构件没有出现塑性变形。在无征兆的情况下，构件断裂破坏。研究发现，上述现象中构件往往承受反复交变的应力。又分成两种类型。一种是应力幅度较低，应力变化频率很高。另一种是应力幅度较高，应力变化频率较低。第一种称为高频低幅交变应力。振动的机械设备具有高频低幅交变应力，热网中基本不存在高频低幅交变应力。第二种属于低频高幅交变应力。蒸汽管网下游管段因用户使用蒸汽量周期性变化，管中介质温度大起大落。每天可以有几十度甚至一百度的温度变化。采用金属波纹管补偿器的管网，补偿器的波纹管随温度升高和降低反复大开大合。金属波纹管承受的就是低频高幅交变应力。金属波纹管补偿器出厂标定的使用寿命为使用次数，而不是使用年限。

对于构件承受交变应力导致破坏的现象称为材料疲劳。材料疲劳破坏的原因为应力集中。热网中宏观的应力集中发生在几何不连续处，如三通、弯头、变径、阀门等位置。应力集中导致局部出现较高的峰值应力，引发构件破坏。在微观层面，任何材料中都存在气孔、夹渣、微裂纹。反复出现的交变应力长期作用，使微小缺陷不断扩大，材料原有的强度下降，日积月累使材料破损。

对于承受交变应力作用的构件不可用静应力下许用应力的指标来判断是否安全。在一定的应力交变次数下，材料不发生疲劳破坏所能承受的最大应力称为材料的疲劳极限。其特征在于，应力循环次数越多，能承受的最大应力越低。相反，循环交变次数越少，可承受的交变应力幅度越高。具体的应力幅度量值通过实验获得。

热网中应避免应力集中现象。例如管线中短管的壁厚不得小于主管道的壁厚。短管的材质等级不得低于主管道；大曲率半径的弯头更安全；弯头任何部位的壁厚不得小于主管道壁厚；三通不宜手工焊制；应选用推制弯头、煨制弯头，避免使用焊制弯头（"虾米腰"）；管道变径应当设置在小口径管段内，不可相反；在焊接热影响区内不可出现焊缝；焊缝错边量不宜太大，且严禁超标；焊缝应进行无损探伤，且应符合检验标准；焊缝余高宜磨平滑；波纹补偿器宜选用标定使用寿命 2000 次一档，不宜选用寿命 1000 次一档，且压力等级比管网设计压力可高一级；热网管道不可发生振动，若有振动现象，应隔断振源，或改变管道固有频率。

钢材在交变应力下，强度会降低。承受恒定作用的强度指标，如许用应力 $[\sigma]$ 不可以在交变应力作用下使用。对于交变应力的限制是，当发生 $10^6 \sim 10^7$ 次交变应力循环，材料仍未发生疲劳破坏的最大应力值为材料的疲劳极限。

### 14. 应力增强系数

在应力计算过程中可能碰到应力增强的概念。需注意出现的场合及其区别。

1）屈服极限增强系数

碳钢（也称碳素钢）是热网管道应用最广泛的钢材。碳钢具有一定弹性，也具有一定塑性。碳钢受到外力作用可能产生弹性变形，当作用力继续加强，碳钢构件中应力超过弹性极限后，将很快达到屈服极限。在外力作用下，构件屈服变形。此阶段作用力仍持续施加，形变在发展，应力不变化（确切地说是在波动）。外力撤销后构件中应力消失，构件已不能恢复原状。当再次出现外力作用，待作用力达到上次迫使构件屈服的强度时，构件没有出现屈服，仍处在弹性变形状态。外界作用力继续增加，构件中应力继续增长，超过上次发生屈服的应力强度。外力再上升一个明显的量，构件中应力达到新的高度，构件再次进入屈服状态。构件第一次屈服时钢材中应力为 $\sigma_{s1}$。第二次屈服时钢材中应力为 $\sigma_{s2}$。热网管道有无缝钢管和焊接钢管。无缝钢管是用冶炼成型的钢坯，经反复碾压后形成的。生产无缝钢管过程钢材多次屈服变形。无缝钢管的屈服极限比原料钢坯的屈服极限要高大约 30%。焊接钢管是用钢板卷筒焊接形成的。由钢坯制板，钢板卷筒，钢材反复屈服变形。最终焊缝钢管材料的屈服极限比原料钢坯的屈服极限要高。工程中"冷作硬化"指的就是钢材的这个特性。在钢材的物理性质表中，可能提供钢材屈服极限低位值。前面提到的钢坯的屈服极限 $\sigma_{s1}$ 就相当于此数据。成品钢管钢材的屈服极限比钢材屈服极限低位值要略高。"冷作硬化"使钢制品材料屈服极限升高。钢坯的屈服极限数值可以准确获得。而提供每件钢制成品的材料屈服极限代价很高，不具有可操作性。工程上用屈服极限增强系数处理。用符号 $n$ 代表增强系数，可取 $n$ 为 1.3。

2）热网中管道是不可缺少的主体。除管道之外，在热网构成中还有管件，如弯头、三通、变径（大小头）等。和直管道相比，管件形状复杂，管件的壁厚也不如管道均匀一致。管件的存在使管网形成几何不连续，这将导致在管件处形成应力集中。应力集中会导致危险。在热网中管件存在的条件各不相同。如果对热网中每个管件进行强度校核，其工作量较大。为此，针对管件形状复杂使管网几何不连续导致出现应力集中的问题，提出在管件强度校核中引入应力增强系数的办法。此处应力增强系数的定义是：在应力循环次数相同的前提下，管件弯头在弯矩作用下最大弯曲应力与相同的弯矩作用于直管，直管中产生的弯曲应力的比值。

以弯头为例，在弯头正视图中（看得见管中心线弯曲走向），与管中心线投影线重合的管壁处应力集中效应最大。弯头曲率半径为 $R$，管外径为 $D$，壁厚为 $\delta$。弯头弧形中心线处管壁应力放大系数：

$$\beta_{\mathrm{b}} = 0.9 \times \left[ \frac{(D \div 2)^2}{\delta R} \right]^{\frac{2}{3}}$$

例如，$\phi 219 \times 6$ 的弯头，曲率半径 $R = 1.5D$。

$$\beta_{\mathrm{b}} = 0.9 \times \left[ \frac{(219 \div 2)^2}{6 \times 1.5 \times 219} \right]^{\frac{2}{3}} = 3$$

表明弯头在弯曲平面正投影中的中心曲线（非腹、非背）上应力集中是同等工况下直管管壁应力的 3 倍。因为弯曲变形，弯头横断面椭圆化。长轴上管壁应力集中现象最严重。

## 6.2　应 力 分 类

上一节讨论了应力。应力是构件受到外力作用，在构件材料内部对外力作用作出的反应，在构件材料内部形成应力。在工程领域构件材料中产生应力或者存在应力，是常见现象。

固体的物理性质有很多项。具有固定形状是固体区别于液体和气体的一个重要特征。例如一块玻璃，一块橡皮和一团橡皮泥都有一定形状，但三者在都有一定形状之外还各具特性。在常温下玻璃的形状无法改变，强行改变玻璃的形状，结果一定是玻璃破碎。橡皮具有一定形状，对橡皮施加作用力，橡皮将变形，将作用力撤掉，橡皮恢复原形。橡皮泥有一定形状，捏一下，橡皮泥会被捏扁，拉一下，橡皮泥会伸长。对于上述三种材料，玻璃具有刚性，橡皮具有弹性，橡皮泥具有塑性。对于蒸汽管道而言，在热网安装和运行时，由低碳钢加工成的管道具有一定弹性，也具有一定塑性（注意边界条件，在 $-20^\circ\mathrm{C}$ 以下普通碳钢具有脆性。在 $400 \sim 600^\circ\mathrm{C}$ 以上，钢材塑性特性越来越明显）。

关于引起构件材料内部产生应力的外部作用力也有两种情况。作用力可能源自构件外部，也可能源自构件内部。起重设备吊钩下加上重物，钢丝绳张紧，钢丝绳内产生拉伸应力。这个对钢丝绳的作用力来自钢丝绳下的重物。无论吊钩向上提起重物，还是将重物向下放，只要重物还悬空挂在吊钩上，重物对钢丝绳的拉力都是一样的。这个例子对钢丝绳的作用力来自钢丝绳外。

在地铁车厢里，长条座椅设 6 个座位，适合正常体形的乘客乘坐。如果同座的 6 个乘客都是体形较大的人，则 6 个乘客互相挤压。造成挤压是因为座椅两侧挡板限制了座椅的长度。挤压乘客的力来自座椅挡板。产生挤压的原因是 6 位乘客体形较大。当一位乘客离开座位，挤压立刻消失。座椅挡板还在那里，座椅在整个过程中没有任何改变。拥挤因 6 位胖乘客就座而发生，又因其中一位乘客离开座位而消失。这个例子形成拥挤的作用力来自乘客本身，而非座椅。另一个重要点在于因一位乘客离开座位，这一自行调整行为使拥挤消失。对于乘客因不堪拥挤离开座位使拥挤消失的行为比作"自限性"。

在热网建设工程中，为了检验热网系统对管中介质压力的承受能力，在工程结尾阶段有一道工序是水压试验。试压过程中向热网管道中注水。注满水以后启动加压泵使系统内水压上升。水压力达到一定指标，在一段时间内热网系统安然无恙，便可通过验收。如果加压泵持续运转，待管网中水压力到指定压力值后仍不停止。管中水压力将一直上升。前面段落中已经提到，低碳钢在常温下具有一定弹性，也具有一定塑性。在水压持续上升的过程中管道直径会扩大，因为钢管具有弹性。继续升压，钢管的局部会胀大。外观上钢管出现鼓包。水压继续升高，鼓包破裂，过程结束。这期间钢管直径扩大，钢管出现鼓包，都使热网管道内部空间增加，相当于前面事例中一位乘客离开座位让出空间的过程。但钢管胀大改变不了系统中水压力的增长。水压增长是由于加压泵不停地运转。无论钢管空间是否扩大，水泵都在继续运转，水压持续上升。"作用力"来自水泵，与管网无关。热网管道胀大限制不了管中水压上升。这里没有"自限性"，结局将是灾难性的。

系统水压试验过程，热网管道承受水压作用，钢管管壁中产生应力。作用力来自钢管之外，钢管对水压作用力不具有限制能力。热网管道在水压试验中产生的应力属于一次应力。

对于系统强度检验的要求：①热网管道、管件的强度必须确保能承受强度试验中规定的水压作用力，即使水压再高一点也要能承受；②试压过程中水压必须严格管控，不可超压运行。无限制加压必定导致管网破损。

热网管道安装时，钢管的温度等于环境温度，如 20℃。对于供暖管网和输送蒸汽的管网，管中介质温度比环境温度要高很多。例如供暖管网供水管的水温在 100~150℃。蒸汽可高达 300℃，甚至更高一些。当管网建成投产时，管网升温后，如果管道没有受限制，管道会受热膨胀，管线伸长。相反，如果在热网安装状态下对管道的长度进行限制，使管线既不能伸长也不能缩短。那么热网管道升温后，热网管道将因无法膨胀而轴向受压，即适用式（6-12）。

可以根据管道温度的增加计算出管壁中产生的热应力。例如蒸汽管网管道的材料为 Q235。得知钢材的屈服极限 $\sigma_s$ 为 235MPa。钢管温度由 20℃升到 120℃，Q235 钢材的弹性模量 $E$ 和线膨胀系数的乘积取 2.35MPa/℃。此时钢管中应力为 235MPa，达到临界屈服点。如果此时停止升温，并等待管网回到初始状态。当钢管温度回到 20℃时，钢管中应力逐渐为零。如图 6-1 所示，在应力图上，热网

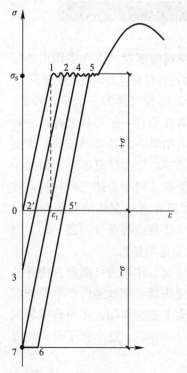

图 6-1　热应力变化曲线

管道安装状态时钢管中应力为零，即 0 点位置。

钢管升温后管线长度受限不能变化，则在钢管中集聚热应力。应力状态点由 0 点向上升。钢管升温而不能伸长，相当于受热伸长了，但是又被压回原来位置。管线被压缩了一个 $\Delta L$ 的长度，即适用式 (6-3)。

如图 6-1 所示，0 点位置时管道温度为 20℃，1 点位置时管道温度为 120℃。钢管管材线膨胀系数 $(\alpha)$ 为 $12 \times 10^{-6}$ m/(m·℃)。该段管线长 $(L)$ 为 100m。计算可知管线长度变化量 $(\Delta L)$ 为 0.12m。管线发生的应变 $(\varepsilon)$ 为 0.0012，对应图 6-1 中 $\varepsilon_1$ 点位置。待管道温度回落到 20℃时，钢管"被压缩"的状态结束。钢管的应变 $(\varepsilon)$ 回到 0 点。

当管道温度从 20℃ 再升高，到 120℃时（到达临界屈服点）继续升温，使温度到达 180℃。从上次过程得知，钢管温度达到 120℃时，钢管弹性变形过程到达极限。过了这个温度节点继续升温，钢管弹性收缩过程结束，屈服变形过程开始。升温到 180℃后停止。从 120℃到 180℃的升温阶段，钢管"屈服了"，因此钢管中应力沿水平线发生微小波动，从图 6-1 中 1 点位置延伸到 2 点位置。随后钢管温度回落。由式 (6-12) 可知，温度下降 100℃，钢管中应力恢复到零。由于 $\sigma_2$ 等于 $\sigma_1$。温度回落 100℃后钢管的温度为 80℃，即图 6-1 中回落到 2′点位置。因为与 1 点到 0 点的降温过程的条件相同，在图 6-1 中 2-2′线与 0-1 线保持平行（忽略钢材从比例极限到弹性极限与从零应力点到比例极限之间斜率的微小差异，认为 0-1 线是一根直线）。从 80℃起算钢管温度继续回落，当温度回到 20℃时，钢管从伸长受限转化成缩短受限，直到抵达图 6-1 中 3 点位置。从 2′点位置到 3 点位置钢管的应变等于 $\varepsilon_{0-2'}$。钢管中出现 141MPa 的拉应力。2′-3 线是 2-2′延伸的直线，2-2′线与 2′-3 线的夹角为零。2-3 线与 1-0 线平行。此后管线温度由 20℃升高到 180℃，再降低到 20℃，钢管中应力按 3-2-3 轨迹变化。2 点位置对应的状态，钢管中应力达到了压缩屈服极限 $\sigma_s$。而 3 点位置对应的状态，钢管中应力没有达到拉伸屈服点。若本过程钢管升温时，到达 180℃并未停止，而是将温度继续升到 220℃，那么过程的路线就不是 0-1-2-2′-3，而是 0-1-2-4。4 点位置对应的状态，钢管中的应力仍然是钢材的屈服极限值 235MPa。从 4 点位置降温，状态变化轨迹仍然是一条直线，与 0-1 线平行。仍然在温度回落 100℃，即温度达到 120℃时，钢管中应力为零。温度继续下降，降到 20℃时，应力变化线到达 7 点位置。7 点位置的应力值为 −235MPa。随后，此过程重复进行时，应力状态线将沿 7-4-7 循环往复。

调整管网升温降温参数。刚安装完的管网，管道的温度为 20℃，管道处于初始状态，管中应力为零。在图 6-1 中，状态点在 0 点位置。从 0 点位置开始升温，温度到达 120℃时钢管中应力达到 235MPa，为 Q235 钢材的屈服极限值。对应图 6-1 中 1 点位置，继续升温，钢管中应力不再增长，应变随温度升高不断增长。一直到温度达到 300℃，钢管中应力维持在 235MPa，钢管的应变达到 0.00336。在图 6-1 中状态对应 5 点位置。停止升温，钢管温度回落，当钢管的温度下降 100℃，回到 200℃时，钢管中应力降到零。在图 6-1 中对应 5′点位置。从 200℃再下降 100℃，温度下降到 100℃时，钢管中应力为 −235MPa，达到拉伸屈服极限。在图 6-1 中到达 6 点位置。6 点位置与 7 点位置在一个水平线上。从 6 点位置温度继续下降，下降 80℃，达到 20℃。钢管中应力还是 −235MPa。但 6-7 阶段钢管中产生了 0.00096 的应变。即这条 100m 长的管线被拉长了 96mm。下一次这条管线再升温，将以 7 点位置为起点。7 点位置的温度为 20℃。温度升到 220℃时，温度上升了两个 100℃。钢管中的应力从−235MPa 变成零，然后升高到 235MPa。过程线到达 4 点位置。图 6-1 上的 4 点位置对应的温度为 220℃。从 4 点位置的 220℃再升高到 300℃，钢管受伸长限制，应力不变，应变继续增加。相当于压缩屈服变形。可以理解为从 4 点位置到 5 点位置，100m 长的管线因温度升高 80℃，应伸长 96mm，但因受限制无法伸长。相当于被压缩了 96mm。这是一次屈服变形。钢管从 5 点位置（300℃，235MPa）降温。温度下降 100℃，到 200℃时，钢管中应力再次回到零。在图 6-1 上到达 5′点位置。从 5′点位置起钢管从 200℃再降到 100℃，钢管中应力从零变化到−235MPa，到达图 6-1 的 6 点位置，达到极限受拉状态。从 6 点位置（100℃，−235MPa）温度再下降 80℃，在图 6-1 上由 6 点位置回到出发的 7 点位置。6-7 阶段钢管中应力维持在−235MPa 不变，钢管被"拉长"了 96mm。

从 7 点位置（20℃，−235MPa）开始，升温到 300℃，再回落到 20℃。变化过程在图 6-1 上沿 7-4-5-5′-6-7 运行。期间发生一次压缩屈服变形和一次拉伸屈服变形。20℃作为温度起点，300℃为温度的顶点。每当钢管温度由 20℃到 300℃再到 20℃完成一个循环，钢管就发生一次压缩屈服变形和一次拉伸屈服变形。热网在几十年的运行期间，钢管管壁中应力如此交替变化，反复发生压缩屈服变形和拉伸屈服变形。钢管将发生疲劳破坏。以上的讨论中，热网管道中产生的是热应力，源自钢管温度的变化。理论上，使用 Q235 钢材的蒸汽管道，蒸汽温度不可以超过 220℃。对应图 6-1 上的 4 点位置。热网运行轨迹 7-4-7 是"红线"，不允许突破。从工程角度，触碰 7-4-7 线也不可以。同时也应注意"边界条件"。以上讨论只提到了温度变化引起"约束"对钢管的作用。其他可能对钢管构成"作用"的因素，例如管道中有压蒸汽，也必须一并纳入讨论。此外，以 20℃作为温度起点，采用的钢材是 Q235，当这两个条件改变时，结果也会有差别。

总结一下以上的讨论：

### 1. 一次应力

"作用力"由外部因素引起，例如管道受到的重力作用，以及受到管内介质压力作用，此类"作用力"不具有自限性。受体对作用力必须具有绝对的承受能力，否则，将导致材料被破坏。

热网中，源自外部因素的作用力引起管道产生的应力称为一次应力。管道中因外源作用力产生的一次应力不可以超过管道材料的屈服极限，同时和屈服极限保持足够的安全范围。此"红线"称作许用应力，符号 $[\sigma]$。通常许用应力 $[\sigma]$ 小于等于材料屈服极限的 2/3。

### 2. 二次应力

受体所受到的作用力源自受体内部，例如热网管道受热温度升高，欲膨胀伸长，但因受到限制而不能伸长。管道受到来自"限制"的阻力，引起管道管壁材料内部生成压应力。如果受体在作用力强度达到某个程度时，受体对"作用力"作出屈服反应。此时"作用力"的强度停止增长，对此称为自限性。这种具有自限性的应力称为二次应力。

热网管道中的热应力是二次应力。管道温升而不能伸长，则生成压应力。继续升温，压应力达到屈服极限 $\sigma_s$。温度再升高，管道屈服，应力停止上升，维持在 $\sigma_s$ 水平。

引起热应力的温度变化量只要让管道的应力变化范围处于 $-\sigma_s$ 到 $\sigma_s$ 之间，即 $2\sigma_s$ 值，理论上钢管是安全的。对应应力变化范围值为 $2\sigma_s$ 的温度变化范围是热网极限温差。热网运行时温度不可以超过极限温差，即不会引起热网管道发生屈服变形。

## 6.3　热网管道壁厚

热网管道中的介质无论是水还是蒸汽，介质的流动都依赖管网管线近热源端与远离热源端管道中介质压力不同形成的压差。蒸汽管网近热源处管中介质压力较高。远离热源处的管道中介质压力较低。此外，管中介质相对于管外环境，通常管内介质压力较高。热网管道承受管中介质压力作用。管中介质以管道径向施压于管壁。作用力源自介质而非管道。根据应力分类原则，作用力起源于管道之外，在管道中形成的应力属于一次应力。在任何情况下，因介质压力使管壁产生的应力不得大于管道钢材在最高工作温度下的许用应力 $[\sigma]^t$。

压力管道、压力容器的管壁有薄壁和厚壁之分。管壁外径 $D_o$ 与管壁内径 $D_i$ 之比 $D_o/D_i < 1.22$ 的为薄壁管（器），若比值大于 1.22 属于厚壁管。厚壁管管壁中应力比薄壁管管壁中应力要复杂。热网中的管道承受的压力与压力容器比要低很多。热网管道都属于薄壁管。

如图 6-2 所示是热网管道受来自介质的内压作用产生的应力分布图。从管道上截取一段管子，沿轴线切开。再截取长度为 $L$ 的一段。管子各部分尺寸及相关参数如下：

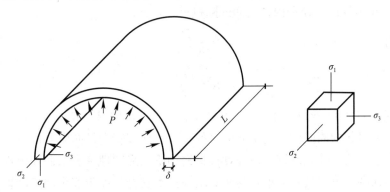

图 6-2　内压作用下管道截面应力分布

$L$——管段长，m；

$D_o$——管道外径，m；

$D_i$——管道内径，m；

$\delta$——管道壁厚，m；

$P$——管内介质压力，MPa；

$\sigma_1$——周向应力，MPa；

$\sigma_2$——轴向应力，MPa；

$\sigma_3$——径向应力，MPa。

71

在平衡状态下，下列关系成立：

1. 保持静力平衡，作用力等于反作用力：

$$\sum F_1 = 0; \qquad \sum F_2 = 0; \qquad \sum F_3 = 0$$

2. 力矩保持平衡：

$$\sum M_1 = 0; \qquad \sum M_2 = 0; \qquad \sum M_3 = 0$$

3. 应力应变平衡——广义胡克定律：

$$\varepsilon_1 = \frac{1}{E}[\sigma_1 - \nu(\sigma_2 + \sigma_3)]$$

$$\varepsilon_2 = \frac{1}{E}[\sigma_2 - \nu(\sigma_1 + \sigma_3)]$$

$$\varepsilon_3 = \frac{1}{E}[\sigma_3 - \nu(\sigma_3 + \sigma_2)]$$

热网管道管壁属于薄壁，管壁中应力均匀分布。压力容器多为厚壁，容器壁内应力分布不都是均匀分布，容器壁越靠近内侧，应力越大。注意本书关于薄壁管道的结论不可应用于厚壁容器和厚壁管道中。

在厚壁管道中管壁中的应力用下列公式计算：

周向应力 
$$\sigma_1 = \frac{P}{K^2 - 1}\left[1 + \left(\frac{D_o}{D'}\right)^2\right] \tag{6-13.1}$$

径向应力 
$$\sigma_3 = \frac{P}{K^2 - 1}\left[1 - \left(\frac{D_o}{D'}\right)^2\right] \tag{6-13.2}$$

式中 $D'$——介于管道外径和内径之间的随机尺寸，m。

轴向应力 
$$\sigma_2 = \frac{P}{K^2 - 1} \tag{6-13.3}$$

系数 
$$K = \frac{D_o}{D_i}$$

在薄壁管中 $D_i \approx D' \approx D_o$。代入式（6-13.1）、式（6-13.2）和式（6-13.3）中，得知由管中介质压力引起的周向应力是轴向应力的 2 倍。薄壁管中径向应力 $\sigma_3$ 为零。

碳钢具有很好的塑性。碳钢管道强度校核适用第三强度理论和第四强度理论。第三强度理论比第四强度理论的公式简单，与实验结果基本吻合且偏于安全。热网管道强度校核多采用第三强度理论。

第三强度理论主张剪应力是造成材料破坏的原因。且当剪应力达到材料屈服极限一半时就出现屈服。其关系为：

$$\tau_{max} \leqslant \frac{1}{2}\sigma_s$$

且保持如下关系：

$$\tau_{max} = \frac{1}{2}(\sigma_1 - \sigma_3) \tag{6-14}$$

前文已提到，薄壁管道中径向应力 $\sigma_3$ 很小，在计算中忽略不计，即 $\sigma_3$ 为零。得：

$$\sigma_1 = 2\tau_{max} < \sigma_s$$

周向应力 $\sigma_1$ 因管中介质压力引起：

$$\sigma_1 = \frac{PD_iL}{2\delta L}$$

为保障安全，用 $D_m$ 替换 $D_i$，得：

$$\sigma_1 = \frac{PD_m}{2\delta} = \frac{P(D_o - \delta)}{2\delta}$$

公式中：$D_m$ 为管道壁中径，单位为 m。

用许用应力 $[\sigma]^t$ 替换 $\sigma_s$，得：

$$\frac{P(D_o - \delta)}{2\delta} \leqslant [\sigma]^t$$

$$\delta \geqslant \frac{PD_o}{2[\sigma]^t + P}$$

对于焊接管道，为了保障安全，加入一个焊缝系数 $\varphi$。从工程角度再加入管壁厚度余量 $C$。最终薄壁热网管道壁厚计算公式为：

$$\delta = \frac{PD_o}{2[\sigma]^t\varphi + P} + C_1 + C_2 \tag{6-15}$$

式中　$\delta$——管壁厚度，m；

　　$D_o$——管道外径，m；

　　$P$——介质压力，取设计压力，MPa；

　$[\sigma]^t$——管道设计压力下最高工作温度的钢材许用应力，MPa；

　　$C_1$——管道腐蚀附加厚度，水网取 0.001m，蒸汽管网取 0m；

　　$C_2$——管道壁厚负偏差附加厚度，m；

　　$\varphi$——管道焊缝修正系数，见表 6-1。

管道焊缝修正系数　　　　　　　　　　　　　　表 6-1

| 焊接方法 | 焊缝种类 | 焊缝形式 | $\varphi$ |
|---|---|---|---|
| — | 无缝 | | 1.00 |
| 自动焊 | 螺旋缝 | 双面自动焊 | 1.00 |
| 自动焊 | 螺旋缝 | 单面自动焊 | 0.60 |
| 手工焊 | 直缝 | 打坡口双面焊 | 1.00 |
| 手工焊 | 直缝 | 单面打坡口氩弧焊打底电弧盖面 | 0.90 |
| 手工焊 | 直缝 | 单面打坡口电弧焊 | 0.75 |
| 熔剂下自动焊 | 直缝 | 双面焊 | 1.00 |
| 熔剂下自动焊 | 直缝 | 打坡口单面焊 | 0.85 |
| 熔剂下自动焊 | 直缝 | 无坡口单面焊 | 0.80 |

热网上的弯头由于其形状复杂产生的应力集中比直管强烈。采用推制或煨制的弯头，弧背处管壁较薄，弧腹处管壁可能起皱。横截面发生椭圆化。弯头的曲率半径越小，上述现象越明显。为保障安全，要求弯头各处的壁厚都不得小于直管壁厚，也不得小于计算壁厚。弯头壁厚计算比较困难，工程上可采用直管计算壁厚并加以修正的办法。

$$\delta_b = B\delta_p \tag{6-16}$$

式中  $\delta_p$——直管道计算壁厚，m；

   $\delta_b$——弯头壁厚，m；

   $B$——弯头壁厚修正系数，见表 6-2。

热网弯头壁厚修正系数 $B$          表 6-2

| $D_o/D_i$ | | $R/D$ | | | | | | |
|---|---|---|---|---|---|---|---|---|
| | | 1.0 | 1.5 | 2.0 | 3.0 | 4.0 | 5.0 | 6.0 |
| >1.04 | $B_i$ | 1.50 | 1.30 | 1.20 | 1.15 | 1.10 | 1.08 | 1.06 |
| >1.04 | $B_o$ | 0.85 | 0.88 | 0.90 | 0.92 | 0.94 | 0.95 | 0.96 |
| ≤1.04 | $B$ | 1.50 | 1.25 | 1.17 | 1.10 | 1.07 | 1.06 | 1.05 |

表中  $R$——弯头曲率半径，m；

   $D$——弯头公称直径，m；

   $B_i$——弯头腹部壁厚修正系数，无量纲；

   $B_o$——弯头背部壁厚修正系数，无量纲；

   $D_o$——弯头外径，m；

   $D_i$——弯头内径，m。

# 6.4  设计压力和设计温度

对于热力管网，介质压力和介质温度是最重要的两个参数。介质压力、温度的选择会影响热网建设投资、热网的运行热效率，以及热网终端效益，还影响热源和用户。一旦设定，则无法更改，直至热网到达使用寿命。

关于热网介质的压力和温度，分为运行压力、运行温度和设计压力、设计温度。运行压力和运行温度是动态参数，热网不同地点的运行压力、运行温度都各不相同。不同时刻的压力、温度也都不同。设计压力、设计温度则不然，不是动态参数。设计压力和设计温度是从热网安全角度考虑，基于运行压力、运行温度，在热网规划、设计阶段确定的量值。一经确定将左右全局。热网建设决策人，热网设计工程师尤其需要对此给予关注。

**1. 设计压力**

热网设计压力要确保热网能安全运行。设计压力大于运行压力是无须讨论的。热网结构、热网材料包括热网运行，都可能出现意外，比如意外超压。在设计决策时要"留有余地"。设计者很难把各方面的"意外"一一罗列。运行参数则是基本的可参照的量值。因此，设计压力多是在运行最高压力之上增加一个余量。对于极为特殊的情况要予以考虑。例如某市城市供暖热水管网设计就曾遇到城市不同区域地势高差几十米的情况，由地势高差引起的静水压要在设计压力取值时予以考虑。

设计压力高于运行最高压力的余量应适当。热网管道壁厚决定设计压力，过度加大设计压力余量，对建设成本影响很大，如几十千米长的管网壁厚增加 1mm 将增加较多的建设成本。热网中一些配置，如阀门、补偿器、过滤器等是分压力等级的，例如金属波纹管补偿器按承压能力分为四个等级，分别是 0.6MPa、1.0MPa、1.6MPa 和 2.5MPa。提高一个压力等级则补偿器成本升高。一味地提高压力等级，不但使配件功能过剩，还使之性能下降（压力等级越高，波纹管板材越厚，柔性越差，弹性反力越高），热网设计压力可参照表 6-3 选定。

| 热网设计压力安全余量 | 表 6-3 |
|---|---|
| 热网运行最高压力（MPa） | 设计压力余量（MPa） |
| $P \leqslant 1.8$ | $\Delta P = 0.18$ |
| $1.8 < P \leqslant 4.0$ | $\Delta P = 0.19$ |
| $4.0 < P$ | $\Delta P = 0.4$ |

### 2. 设计温度

和设计压力的取值一样，设计温度的选定，在大多数情况下也是依据热网运行温度而定。在热网运行最高温度基础之上增加一个安全余量。

和确定设计压力不同的是，热网温度高一点或低一点，对热网建设成本影响不显著。但是当设计温度达到 350℃ 左右时，问题变得敏感。设计温度定得稍高一点，管道材质可能需要"跳级"。例如 Q235，普通的 20 号钢可能就不适用了。需要选用 20G、16Mn 甚至性能更好的低合金钢，管道成本增加。热网设计温度要格外注意。定低了，可能因高温蠕变使热网使用年限缩短；定高了则造成材料功能浪费，增加一大笔无效成本。

对于热水管网，管网吹扫冲洗应选用冷水冲。若事先已知需要用蒸汽吹扫，则管道保温材料的耐温等级、补偿器的容量，都需进行关注。防腐减阻塑料衬里管道的热水网，对温度也十分敏感。选定设计温度也需要注意。

热网设计温度的余量值可参照表 6-4 选定。

| 热网设计温度 | 表 6-4 |
|---|---|
| 热网运行温度（℃） | 设计附加温度（℃） |
| $-20 < t \leqslant 15$ | $-5 \sim 0$ |
| $15 < t \leqslant 350$ | 20 |
| $350 < t$ | $5 \sim 15$ |

## 6.5　架空敷设热网管道支座问题

热网管道和工业管道不同点之一，就在于热网管线长。少则几千米，多则几十千米。架空敷设的热网管道多坐落在专门为热网准备的混凝土支墩上，还需要特定金属支架。对于热网，尤其是老式热网，这些支架往往构成热桥，引起可观的附加热损失。因此，无论从哪一个角度，热网支座都是越少越好。热网支座数量减少，两个支座间的热网管道就越长。钢管具有足够大的刚度，对于长度为几米的钢管，将其折弯是不易的，而几千米的钢管则如同"面条"，想让其成为一条直线都是十分困难的事。在两个彼此距离足够宽的支座上架起一根钢管，受重力作用，钢管将弯曲下垂。

图 6-3 给出了管道受到弯矩 $M$ 作用使 A-B 平面弯曲变形的示意图。由图可明显看出，管壁轴向位于管顶的 A-A 线受到最大程度的压缩。管底 B-B 线处管壁受到最大程度的拉伸。中心线 O-O 既不受抬，也不受压。材料力学中：

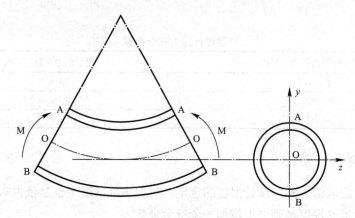

图 6-3  管道平面弯曲

$$I_z = \frac{\pi}{64}(D_o^4 - D_i^4)$$

$I_z$ 是管道横断面中对 $z$ 轴的惯性矩。此外：

$$W_z = \frac{\pi}{32D_o}(D_o^4 - D_i^4)$$

$W_z$ 是管道抗弯截面模量。管道受到弯矩 $M$ 作用而弯曲。所造成的最大弯曲应力：

$$\sigma_{bmax} = \frac{My_{max} \times 10^{-6}}{I_z} = \frac{M}{W_z} \tag{6-17}$$

最大应力 $\sigma_{bmax}$ 应当小于弯曲许用应力 $[\sigma]_b$。

热网管线长达几千米，设有多个支座。在材料力学中定义为连续梁。通常各支座均匀分布。作用于管道上的弯矩来源于管道受到的重力。热网管道的重量构成包括钢管自重，管道上的保温材料重量，对于供暖管网还有管中水的重量。热网管道上一般没有其他集中载荷。热网管道上的载荷呈均匀分布。对于连续梁，重力载荷均匀分布使管道产生的弯矩由下式计算：

$$M = \frac{1}{10}qL^2 \tag{6-18}$$

弯矩 $M$ 使管道产生的最大弯曲应力 $\sigma_{bmax}$ 应小于许用弯曲应力 $[\sigma]_b$：

$$\sigma_{bmax} = \frac{M \times 10^{-6}}{W} < [\sigma]_b \tag{6-19}$$

式 (6-17)、式 (6-18) 和式 (6-19) 中：

$\sigma_{bmax}$——管道受到的弯曲应力最大值，MPa；

$q$——每米管道、管中介质和保温材料的重量，N/m；

$M$——管道受到的最大弯矩，N·m；

$L$——相邻支座间管道长度，m；

$W$——管道抗弯截面模量，$m^3$；

$y_{max}$——管道横断面上自圆心起到 $y$ 轴上最远距离，m；

$I_z$——管道横断面内对 $z$ 轴的惯性矩，$m^4$；

$[\sigma]_b$——钢材弯曲许用应力，取 90MPa。

热网管道不仅有重力形成的弯矩，管内还有介质。管中介质，例如蒸汽，温度较高，压力也不能忽视。本章第三节已讨论过管道中介质内压引起管壁中产生应力。周向应力值是轴向应力值的 2 倍。前面讨论的因重力所形成的弯矩作用于管道，在管道轴向引起弯曲应力。重力和介质压力对管道产生综合作用力，应力叠加后应不大于钢材的许用应力，但这不能保证在周向应力处于安全范围。式（6-13.1）中当 $D'$ 等于 $D$，也就是管壁最外层位置，周向应力为：

$$\sigma_1 = 2 \times \frac{P}{K^2 - 1} \tag{6-20}$$

轴向应力为：

$$\sigma_2 = \frac{P}{K^2 - 1} \tag{6-21}$$

周向应力值是轴向应力值的 2 倍。在保证管道轴向应力处于安全范围的基础上还应保证管道周向应力也处于安全范围。为此，式（6-19）仅考虑管道受重力弯曲，最大的弯曲应力应小于许用弯曲应力 $[\sigma]_b$。当考虑弯矩和内压综合影响，还应保证管道周向应力也是处于安全范围，须将式（6-19）中弯曲许用应力 $[\sigma]_b$ 更换成钢材在热网管道工作温度下许用应力的一半，即 $0.5[\sigma]^t$。将式（6-18）并入式（6-19）中：

$$\frac{10^{-6} q L^2}{10 W} \leqslant 0.5[\sigma]^t$$

$$L \leqslant 2.236 \times 10^3 \left( \frac{W[\sigma]^t \varphi}{q} \right)^{0.5} \tag{6-22}$$

式中　$L$——保证热网管道强度，两个支座最大距离，m；

$W$——管道抗弯截面模量，$m^3$；

$\varphi$——焊缝系数，见表 6-5；

$q$——管中介质、保温材料及管道自重，N/m；

$[\sigma]^t$——热网工作温度下钢管许用应力，MPa。

| 管道强度焊缝系数 | | | 表 6-5 | |
|---|---|---|---|---|
| 有垫环手工对接焊 | 0.9 | 轴向直焊缝 | 0.8 |
| 无垫环手工对接焊 | 0.7 | 螺旋焊缝 | 0.6 |
| 单面自动焊 | 0.8 | 无纵缝 | 1.0 |

热网中除了直管段外还有平面弯头。弯头处于悬空状态，弯头两端直管搭在支座上。两端的支座通常为固定支座。两边直管段越长，对固定支座的作用力越小。但悬空弯头的尺寸也不可过大。以两直角边管道展开长度不大于直管两支座最大间距的 60% 为宜。

热网管道无须为了避免过度下垂管内底部积水。以前的资料有控制最大挠度且不造成管道反坡限制支座间最大距离的计算方法。对于热网管道可不考虑此要求。除管道强度控制外，还须控制两支座间管道刚度不超标。计算结果表明凡两相邻支座间距可以满足管道强度要求，也同时可满足管道刚度的要求，因此关于管道刚度约束计算的公式不再进行讨论。

## 6.6 屈 服 温 差

本章第二节讨论了应力分类。热网管道中存在一次应力，也存在二次应力，并且在管壁中存在多重应力综合作用。管中介质压力作用到管道上，在管壁中形成一次应力。受温度影响，在温度发生变化后，管道不能完全自由地热伸缩，管壁中形成二次应力。

在管道中，温度变化引起的轴向应力：

$$\sigma_x = E\alpha\Delta t \tag{6-23}$$

在管道中，介质压力引起周向应力：

$$\sigma_t = \frac{Pd_i}{2\delta} \tag{6-24}$$

管道中介质压力引起径向应力。热网管道都是薄壁管，径向应力 $\sigma_r$ 认为等于零。

根据胡克定律，周向应力在轴向引起收缩，在轴向产生拉应力 $\sigma_{x2}$：

$$\sigma_{x2} = \nu\sigma_t \tag{6-25}$$

令轴向温差热应力为 $\sigma_{x1}$，轴向总应力（拉应力为正，压应力为负），则：

$$\sigma_{ax} = \sigma_{x1} + \sigma_{x2}$$

$$= -E\alpha\Delta t + \nu\frac{Pd_i}{2\delta} \tag{6-26}$$

热网管道强度分析采用第三强度理论和弹塑性分析方法。热网管道普遍采用低碳钢，主要是 Q235、20 号钢。低碳钢具有弹性，也有很好的塑性。无缝钢管是由钢坯碾压制成的。螺旋缝焊管由钢板卷制成圆形，钢板则由钢锭碾压成形。在制成钢管的过程中，钢材料发生过明显的塑性变形。弹塑性理论认为，像低碳钢一类材料发生有限量的塑性变形，且以后不发生不断反复的拉伸、压缩塑性变形，对材料的性能没有影响。

第三强度理论认为，材料承受应力时，在最大主应力 45°角的层面上的剪应力 $\tau$ 达到材料屈服极限值的一半时材料就发生屈服。意味着该种材料的构件被破坏。而且材料中最大主应力与最小主应力之差的一半等于剪切应力 $\tau$。即：

$$\frac{1}{2}(\sigma_1 - \sigma_3) = \tau \tag{6-27}$$

当 $\tau = \tau_{max} = \frac{1}{2}\sigma_s$ 时，材料被破坏。式（6-27）变换可得如下关系：

$$\sigma_1 - \sigma_3 \leqslant \sigma_s$$

在热网管道中各项主应力分别为：

$\sigma_1 = \sigma_t = \dfrac{Pd_i}{2\delta}$ ——管壁上的周向应力，一次应力。

$\sigma_2 = \sigma_r$ ——管壁上的径向应力。薄壁管取径向应力 $\sigma_r = 0$。

$\sigma_3 = \sigma_x$——管壁中轴向应力。由一次应力和二次应力合成总轴向应力，

$$\sigma_{ax} = -E\alpha\Delta t + \nu\frac{Pd_i}{2\delta}。$$

在本章第二节中已讨论过，热网管道中由温度变化引起的热胀冷缩过程受约束而不能实现，管道中将产生热应力，属于二次应力。由图 6-1 可知，由 0 点位置到 1 点位置，应力变化：

$$\sigma_1 - \sigma_0 = \sigma_s$$

达到了材料的屈服极限。在 1 点位置"作用力"（即温差 $\Delta t$）若继续增强，材料应变 $\varepsilon$ 将增长，而应力仍维持 $\sigma_3$ 水平不增长。图 6-1 上状态点可由 1 点位置到 2 点位置，甚至到 4 点位置。"作用力"撤销，状态点可由 4 点位置下降到 7 点位置。4 点位置到 7 点位置的落差 $\Delta\sigma = 2\sigma_x$。

单纯地受压或受拉，材料中应力达到 $2\sigma_x$ 值是不可能的。所以称等于 2 倍屈服极限的 $\Delta\sigma$ 为当量屈服应力。用 $\Delta\sigma$ 替换前面两个主应力差公式中的 $\sigma_s$，得：

$$\sigma_1 - \sigma_3 \leqslant \Delta\sigma = 2\sigma_x \tag{6-28}$$

将管道中的一次应力、二次应力分别代入，得：

$$\frac{Pd_i}{2\delta} - \left(-E\alpha\Delta t + \nu\frac{Pd_i}{2\delta}\right) \leqslant 2\sigma_x$$

$$E\alpha\Delta t + (1-\nu)\frac{Pd_i}{2\delta} \leqslant 2\sigma_s \tag{6-29}$$

对于承受一次应力的构件，要求材料中的应力不得大于材料的许用应力 $[\sigma]$。通常材料的许用应力小于或等于材料屈服极限的 2/3，即：

$$[\sigma] \leqslant \frac{2}{3}\sigma_s$$

上面式（6-29）可以改为：

$$E\alpha\Delta t + (1-\nu)\frac{Pd_i}{2\delta} \leqslant 3[\sigma]^t \tag{6-30}$$

式中　$[\sigma]^t$——最高工作温度下材料的许用应力，MPa；

$\quad\quad E$——钢材弹性模量，MPa；

$\quad\quad \alpha$——钢材线膨胀系数，m/(m·℃)；

$\quad\quad P$——热网管道中介质最高压力，MPa；

$\quad\quad d_i$——管道内径，m；

$\quad\quad \delta$——管道公称壁厚，m；

$\quad\quad \nu$——钢材泊松系数，取 0.3；

$\quad\quad \Delta t$——热网运行最高温度与停运期间最低温度之差，℃。

下面用一个例题演示式（6-30）的应用。

**例 6-1**　热网管道采用直埋敷设方式。管道规格为 $\phi630\times10$，采用材质为 Q235 的螺旋缝流体管。管网中介质压力最高为 1.6MPa。管道安装温度为 20℃。计算热网最大循环温差。

**解**：根据已知条件，钢管内径 $d_i$ 为 0.61m，壁厚 $\delta$ 为 0.01m。Q235 钢材的弹性模量

$E$ 为 $20\times10^4\mathrm{MPa}$，线膨胀系数 $\alpha$ 为 $12\times10^{-6}\mathrm{m/(m\cdot\text{℃})}$。钢管的许用应力 $[\sigma]^\mathrm{t}$ 按照温度为 150℃取值，$[\sigma]^\mathrm{t}$ 等于 127MPa。代入式（6-30）得：

$$\Delta t \leqslant \frac{1}{E\alpha}\left[3[\sigma]^\mathrm{t}-(1-\nu)\frac{Pd_\mathrm{i}}{2\delta}\right]$$

$$\leqslant \frac{1}{20\times10^4\times12\times10^{-6}}\times\left[3\times127-(1-0.3)\times\frac{1.6\times0.61}{2\times0.01}\right]$$

$$\leqslant 144.5\text{℃}$$

如果热网停运期间管道最低温度为 5℃，热网运行最高温度应不超过 149.5℃。确定运行上限温度取决于最大循环温差 $\Delta t$ 和循环温度的最低点温度 $t_2$（$t_2$ 为 5℃），与管网安装温度（20℃）无关。

根据钢材性质表可知 Q235 钢材的屈服极限（低位值）$\sigma_\mathrm{s}$ 为 235MPa。本例中热网管道如果安装方式采用冷安装，即在安装环境温度下直接覆土夯实，管网升温过程中管道将不能热伸长。即在管壁中会产生热应力。本例管道轴向热应力为：

$$\sigma_\mathrm{ax}=\nu\frac{Pd_\mathrm{i}}{2\delta}-E\alpha(t-t_0)$$

当管网压力达到 1.6MPa，公式中温度 $t$ 达到 149.5℃时，管道总轴向应力用上式计算得：

$$\sigma_\mathrm{ax}=0.3\times\frac{1.6\times0.61}{2\times0.01}-20\times10^{-4}\times12\times10^{-6}\times(149.5-20)$$

$$=-296.16\mathrm{MPa}$$

不考虑压应力的负号，$|\sigma_\mathrm{ax}|=296.16\mathrm{MPa}$。$|\sigma_\mathrm{ax}|$ 已明显高于 Q235 钢材屈服极限 235MPa。根据计算结果可知，当温升到 111.8℃时管道就到了临界点，温度再升高，管道将产生屈服变形。

实际情况并非与上面段落所描述的相同。在材料力学中有"冷作硬化"这一概念。即钢材经过机械加工，发生过变形之后，材料会出现"硬化"现象。钢材的屈服极限值升高。用屈服极限增强系数来表现这一变化。公式中用 $n$ 代表材料屈服极限增强系数。

根据前面已列出的关系式：

$$\sigma_1-\sigma_3 \leqslant \sigma_\mathrm{s}$$

得：$\dfrac{Pd_\mathrm{i}}{2\delta}-\nu\dfrac{Pd_\mathrm{i}}{2\delta}+E\alpha\Delta t_\mathrm{y}=n\sigma_\mathrm{s}$

整理后得：

$$\Delta t_\mathrm{y}=\frac{1}{E\alpha}\left[n\sigma_\mathrm{s}-(1-\nu)\frac{Pd_\mathrm{i}}{2\delta}\right] \tag{6-31}$$

式中　$\Delta t_\mathrm{y}$——屈服温差,℃；

　　　$n$——钢材屈服极限增强系数，取 1.3。

其余符号含义同前文所述。

下面通过例 6-2 来理解式（6-31）。

**例 6-2**　继续对例 6-1 所列条件，计算热网管道升温、降温过程管道中应力的状况。

**解**：管网升温过程屈服温度用式（6-30）计算：

$$\Delta t_y = t_1 - t_0 = \frac{1}{E\alpha}\left[n\sigma_s - (1-\nu)\frac{Pd_i}{2\delta}\right]$$

$$t_1 - 20 = \frac{1}{20\times10^{-4}\times12\times10^{-6}}\times\left[1.3\times235 - (1-0.3)\times\frac{1.6\times0.61}{2\times0.01}\right]$$

$$t_1 = 133℃$$

管道升温到 133℃ 时达到屈服临界温度。由 133℃ 升高到 149.5℃，管中应力维持在 305.5MPa 不变化。期间管道发生了压缩屈服变形。应变量为：

$$\varepsilon = \alpha\Delta t$$
$$= 12\times10^{-6}\times(149.5-133)$$
$$= 1.98\times10^{-4}$$

从最高温度 149.5℃ 回落到 5℃，管网中压力由 1.6MPa 降到零。管中应力由最大压应力 $\sigma_{max}$（即 $1.3\times235$MPa）下降。管网管道中压力消失，周向应力 $\sigma_t$ 变为零。温度下降到 $t_2'$ 时管中应力降到零。

$$t_2' = t_1 - \frac{n\sigma_s}{E\alpha}$$
$$= 149.5 - \frac{1.3\times235}{20\times10^4\times12\times10^{-6}}$$
$$= 22.2℃$$

由 $t_2'$ 继续下降到 $t_2$，管中产生拉应力，其值为：

$$\sigma_2 = E\alpha(t_2' - t_2)$$
$$= 20\times104\times12\times10^{-6}\times(22.2-5)$$
$$= 41.3\text{MPa}$$

对照图 6-1 可知，管网升降温过程由 0 点位置开始（20℃），升到 133℃ 到达顶点。1 点位置（133℃）温度继续升高到 149.5℃ 到达 2 点位置。1 点位置、2 点位置管中应力都等于 305.5MPa（$1.3\times235$MPa）。1 点位置到 2 点位置管道产生应变 $\varepsilon = 1.98\times10^{-4}$。从 2 点位置降低温度 127.3℃，下降到 22.2℃，到达 2′ 点位置。管中应力为零。从 2′ 点位置继续降低温度 17.2℃，降到 5℃，到达了 3 点位置，管中出现拉应力。应力值为 41.3MPa。3 点位置应力比 1 点位置、2 点位置应力小很多。

从上面例题结果可知，式（6-29）给设定的管网应力（称之为当量应力更为合适）变化幅度留有足够大的安全余量。

上面的过程演化基于"冷安装"方法。强度检验结果在安全可控范围。但管道在最高温度下应力也达到了最高值。而管道在最低温度下应力很低。过程中管道还发生了一次塑性变形。显然在温度较低时管道的承载能力没有充分利用。对于热网管道的强度检验是不可缺少的。除了强度指标要合格，管网结构还必须稳定。本章第八节将讨论热网稳定问题。热网管道采用薄壁管。随着管径增加，管道的厚径比（壁厚与直径之比）逐渐缩小，刚度下降。在受到外力作用时容易发生弯曲、折皱、椭圆化。直埋敷设管道的管径大于 500mm 时要注意局部失稳问题。前面讨论的冷安装方法显然会增大管道失稳风险。是否可以挖掘最低温度下管道的潜力，来分担最高温度时管道的负载？热网预热安装或采用一次性补偿方式安装，即可以实现上述设想。管网预热安装和采用一次性补偿，在工艺上是不同的，在原理上是相同的。其共同点是在热网循环最高温度 $t_1$ 和循环最低温度 $t_2$ 之间选一个中间温度 $t_3$。在管网运行温度达到 $t_3$ 时，管道中的轴向应力接近零。当管网处于高点温度和低点温度时，管中应力值都不是很高。既可以满足强度要求，也可以避免管网刚度发生意外。

为了叙述方便，将预热方法和一次性补偿方法统称热安装法。热安装法关键在于确定中间点温度 $t_3$。有三种方法确定 $t_3$。①中间温度法；②应力对等法；③不等应力法。解读如下：

① 中间温度法

取热网运行最高温度和最低温度的平均值为中间温度 $t_3$。

② 应力对等法

让管网运行时管道中最大压应力与管网不运行时管道中最大拉应力绝对值相等。

用 $\sigma_t$ 代表蒸汽压力引起的周向应力：

$$\sigma_t = \frac{Pd_i}{2\delta} \tag{6-32}$$

根据上述规定，管网在运行中最高温度下管道中压应力 $\sigma_1$ 为：

$$\sigma_1 = E\alpha(t_1 - t_3) - \nu\sigma_{t1} \tag{6-33}$$

管网停运期间管道中拉应力 $\sigma_2$ 为：

$$\sigma_2 = E\alpha(t_3 - t_2) + \nu\sigma_{t2} \tag{6-34}$$

停运期间管网中压力 $P$ 等于零，但管网从冷态启动运行时管中压力等于运行压力，则：

$$\sigma_1 = \sigma_2 \tag{6-35.1}$$

$$E\alpha(t_1 - t_3) - \nu\sigma_{t1} = E\alpha(t_3 - t_2) + \nu\sigma_{t2} \tag{6-35.2}$$

$$t_3 = \frac{1}{2}(t_1 + t_2) - \frac{\nu\sigma_t}{E\alpha} \tag{6-35.3}$$

③ 不等应力法

最大限度地减少管网承受的压应力，但又不使管道中拉应力接近极限，为此不加入钢管屈服极限增强系数 $n$，得：

$$E\alpha(t_3 - t_2) = \sigma_s$$

$$t_3 = \frac{\sigma_s}{E\alpha} + t_2 \tag{6-36}$$

下面仍然用例 6-1 的数据进行核算。

**例 6-3** 依据例 6-1 给定的参数和数据分别用中间温度法、应力对等法和不等应力法求预热中间温度值。

**解：**

① 中间温度法求 $t_3$

$$t_3 = \frac{1}{2}(t_1 + t_2)$$

$$= \frac{1}{2}(149.5 + 5)$$

$$= 77.25℃$$

管道中最高温度下出现的压应力：

$$\sigma_1 = E\alpha(t_1 - t_3) - \nu \frac{Pd_i}{2\delta}$$

$$= 20 \times 10^4 \times 12 \times 10^{-6} \times (149.5 - 77.25) - 0.3 \times \frac{1.6 \times 0.61}{2 \times 0.01}$$

$$= 158.76\text{MPa}$$

管网停运后管中拉应力：

$$\sigma_2 = E\alpha(t_3 - t_2) + 0.3 \times \frac{0 \times 0.61}{2 \times 0.01}$$

$$= 20 \times 10^4 \times 12 \times 10^{-6} \times (77.25 - 5) + 0$$

$$= 173.4\text{MPa}$$

管网冷态启动时管道中拉应力：

$$\sigma'_2 = \sigma_2 + \nu \frac{Pd_i}{2\delta}$$

$$= 173.4 + 0.3 \times \frac{1.6 \times 0.61}{2 \times 0.01}$$

$$= 188.04\text{MPa}$$

② 应力对等法

不考虑冷态启动工况：

$$\sigma_1 = E\alpha(t_1 - t_3) - \nu \frac{Pd_i}{2\delta} = \sigma_2 = E\alpha(t_3 - t_2)$$

$$(149.5 - t_3) - 0.3 \times \frac{1.6 \times 0.61}{2 \times 0.01 \times 20 \times 10^4 \times 12 \times 10^{-6}} = (t_3 - 5)$$

$$t_3 = 74.2\text{℃}$$

$$\sigma_1 = \sigma_2 = 166.08\text{MPa}$$

③ 不等应力法

$$t_3 = \frac{\sigma_2}{E\alpha} + t_2$$

$$= \frac{235}{20 \times 10^4 \times 12 \times 10^{-6}} + 5$$

$$= 102.9\text{℃}$$

管网最高温度下管中应力：

$$\sigma_1 = 20 \times 10^4 \times 12 \times 10^{-6} \times (149.5 - 102.9) - 0.3 \times \frac{1.6 \times 0.61}{2 \times 0.01}$$

$$= 97.2\text{MPa}$$

管网停止运行后最低温度下管道中拉应力：

$$\sigma_2 = 20 \times 10^4 \times 12 \times 10^{-6} \times (102.9 - 5)$$

$$= 235\text{MPa}$$

冷态启动时管道中应力：

$$\sigma'_2 = 235 + 0.3 \times \frac{1.6 \times 0.61}{2 \times 0.01}$$

$$= 249.6\text{MPa}$$

$$\sigma'_2 < n\sigma_s = 1.3 \times 235 = 305.5\text{MPa}$$

采用第三方案，在冷态以及冷态启动工况管道强度有能力承受。在最高温度下管道压应力降低很多，有利于保障管网刚度安全。

## 6.7  热网系统低循环疲劳破坏

本章前面几节讨论了为保障管网安全运行，在管网结构设计中需要遵守的一些规则，设定了一些限制指标，如屈服极限、许用应力等。但在工程中发现，在系统结构距离屈服状态很远的工况下，在使用寿命内，毫无征兆地发生疲劳破坏。从统计资料中发现，这些无征兆发生破坏的案例都与结构中构件承受的应力有关。工程界将其归为应力循环疲劳破坏。热网中尤其是蒸汽管网发生这种无征兆的疲劳破坏，除了对管网本身还对社会构成威胁和危害。如何防止热网发生疲劳破坏，也是热网设计者需要重视的一个课题。

研究结构疲劳破坏发现其中的一些共有的特征：

1）发生疲劳破坏的构件所承受的应力往往并不高，或离屈服点还很远；

2）系统运行正常，且已正常运行相当长的时间，没有任何征兆，结构突然崩溃；

3）断裂的构件没有明显的变形；

4）断裂部位有密集的裂纹；

5）多发生在系统几何不连续的部位。

研究疲劳破坏的学者认为，宏观结构方面几何不连续（热网中管件），微观方面钢材中具有组织结构不均匀、微小裂纹、夹渣、气孔等缺陷，构成宏观的、微观的应力集中。当构件承受应力时，材料中的微缺陷形成的微小裂纹扩展。扩展了的微小裂纹使微观应力集中加剧，形成恶性循环。当微观应力集中积累到足够大的规模后爆发。局部应力迅速增长，导致构件宏观上断裂。

本章前几节讨论到的应力都属于静应力。引起构件疲劳破坏的应力是不安定应力，称之为交变应力。交变应力分为两大类。一为高频交变应力，另一种是低频交变应力。动力设备引起系统振动，每分钟振动几千次，属于高频交变应力。热网中极少存在高频交变应力。对热网安全构成危害的是低频高幅交变应力。低频高幅交变应力又分为单向交变和双向交变两类。以热网上的补偿器金属波纹管为例。设补偿器补偿能力为 200mm，安装热网时对补偿器进行预拉伸 100mm。热网运行后管道升温膨胀，波纹管从极限拉伸状态回缩，直至到达中间点。随后热网管道伸长，波纹管继续压缩。热网温度升到最高点，波纹管压缩到极点。之后热网在 $t_{max} \sim (t_{max} - \Delta t)$ 之间波动，$\Delta t$ 时大时小，一天变化几十或上百次。波纹管与 $\Delta t$ 同步，在压缩程度较大与压缩程度较小之间波动。波纹管从极限受拉状态变成极限受压状态，再回到极限受拉状态，完成一个循环。特征表现为变化的对称性，称为对称循环。在热网工作期间介质温度出现小幅波动，波纹管在整体受压缩状态下时紧时松称为非对称性脉动。

仍以波纹管为例,热网温度变化幅度越大,波纹管变形越剧烈,应力变化幅度越大,波纹管可使用次数越少。热网温度波动越频繁,波纹管寿命越少。

某地蒸汽管网使用金属波纹管补偿器。从热源厂进入管网的蒸汽温度为300℃。管线上的热量用户白天用蒸汽晚上基本不用蒸汽。蒸汽进入热网的压力大约1.0MPa。

热网投产后一直正常运行。大约在第十年,管线上的波纹补偿器在短短几个月内接连开裂。在报废的补偿器波纹管的波峰部位,可以用肉眼看到沿圆周方向密集地布满裂纹。裂纹长短不一。一个波峰上并排十几条裂纹。该案例完全符合低频高幅疲劳破坏的各项特征。

蒸汽管网发生低频高幅疲劳破坏的根本原因是管网负荷波动。蒸汽管网负荷取决于热量用户,很难对其进行调控。热网设计者可以做的事是尽量弱化应力集中。这可以提高热网管件耐受疲劳的能力。第二件可做的事情是对"弱者"提供保护。第8章将讨论应对方法。

近些年压力为4MPa、温度高于350℃的蒸汽管网多了起来。与之相伴的问题是管材发生蠕变,而蠕变会促进疲劳破坏的进展。对此要提高警惕。

## 6.8 水锤和汽水冲击

水锤和汽水冲击对热网的威胁如同地震之于建筑物。即使较轻的水锤和汽水冲击也会给管网造成内部损伤。严重时会使管网瞬间崩溃。水锤和汽水冲击的"元凶"虽然都是水。但水锤和汽水冲击本质上是完全不相同的。水锤发生在水网中。汽水冲击发生在蒸汽管网中。但误操作引发事故这一点存在共性问题。以下分别讨论水锤和汽水冲击。

**1. 水锤**

热水管网中正常工作状态下管道中充满水。管网中水由水泵运转形成压差,在压差作用下,水在管道中流动。水流动时与管道摩擦,产生的摩擦阻力抵消掉水泵提供的动力。管网各处水压力不同,水泵出口水压力高,水泵吸入口水压低。管中压力从水泵出口持续下降。正常运转时管网各处水压力保持稳定,水流速也保持稳定。

稳定运行中的热水管网突然关闭远端的阀门。管中水流速由 $v_1$ 变成 $v_2$,$v_2$ 等于零。流动中的水具有动能。根据能量守恒原理,水由速度 $v_1$ 变成 $v_2$。水的动能消失,能量转化成势能,表现为水压突然升高。水压改变首先在关闭的阀门迎水流一侧发生,并以压力波的方式往水泵方向传播。经过一段时间,水泵出口压力升高,阀门侧水压降低。随后压力波再传向阀门,再回传到水泵。循环往复,能量在压力波与管壁摩擦以及水体内摩擦过程中被消耗。

在关闭阀门时,阀门迎水面突然形成高压,阀门背水面形成负压。阀门背水面一侧管道中同时发生阀门迎水面一侧同样的过程。管网启动时,水泵出水口突然形成高压,吸水口一侧出现负压,也发生同样的问题。

水泵到阀门管线长度为 $L$,水中压力波传播速度为 $a$,关闭阀门的时间为 $\tau$,当 $\tau <$

$\dfrac{2L}{a}$ 时发生严重水锤。热网管理须注意阀门操作规程。同样的，水泵启动应空载启动。除避免电机过载之外，也可防止水锤。

压力波在管内水中传播速度用下式计算：

$$a = \left[ \dfrac{E_0 \times 10^6}{\rho \left(1 + \dfrac{E_0 D}{E\delta}\right)} \right]^{0.5} \tag{6-37}$$

式中　　$a$——热网管道中压力波在水中传播速度，m/s；

　　　　$E_0$——水的体积弹性模量，为 2191MPa；

　　　　$E$——热网管道钢材弹性模量，可取 $20 \times 10^4$MPa；

　　　　$\rho$——热网温度下水的密度，kg/m³；

　　　　$D$——管径，m；

　　　　$\delta$——管壁厚度，m。

由于热网管道钢材具有弹性，在高压下管道会稍有扩张，压力波传播速度比水体中声速略小。从式（6-29）中还可发现，管壁越厚，管道越坚硬，管网中其他管件，如波纹补偿器、阀门，相对越脆弱。管壁越厚管道越结实，水锤压力波损失越小，水锤强度越大，不利影响越大。过多增加管道壁厚，使管网中的管件，如金属波纹管补偿器的"应力集中"效应更加突出。热网的安全性下降。

突然关闭阀门引起管网产生水锤现象，由此引起的水压强度，可以用理论力学中动量定律公式来计算：

$$\Delta F \Delta \tau = M_2 v_2 - M_1 v_1 \tag{6-38}$$
$$\Delta F = P_0 A - (P_0 + \Delta P) A \tag{6-39.1}$$
$$M_1 = \rho A \Delta L \tag{6-39.2}$$
$$M_2 = (\rho + \Delta \rho) A \Delta L \tag{6-39.3}$$

将 $\Delta F$、$M_1$ 和 $M_2$ 代入式（6-38），得：

$$[P_0 A - (P_0 + \Delta P) A] \Delta \tau = (\rho + \Delta \rho) A \Delta L v_2 - \rho A \Delta L v_1$$

关闭阀门后，水流停止，$v_2$ 等于零。得：

$$\Delta P A \Delta \tau = \rho A \Delta L v_1$$

$$\Delta P = \rho v_1 \dfrac{\Delta L}{\Delta \tau} \tag{6-40}$$

式中　　$\Delta P$——水锤引发压力的增量，Pa；

　　　　$\Delta F$——发生水锤时水对管道作用力的增量，N；

　　　　$\Delta \tau$——关闭阀门时压力波通过 $\Delta L$ 长管段的时间，s；

　　　　$M_1$——$\Delta L$ 长管段中水锤发生前管段内水的质量，kg；

　　　　$M_2$——$\Delta L$ 长管段中水锤发生后管段内水的质量，kg；

　　　　$v_1$——水锤发生前管中水流速度，m/s；

　　　　$v_2$——水锤发生后管中水流速度，等于零；

　　　　$P_0$——水锤发生前水压力，MPa；

$\rho$——水锤发生前管内水的密度，$kg/m^3$；

$\Delta\rho$——水锤引起管段中水密度的增量，$kg/m^3$；

$A$——管段内径包围的横截面面积，$m^2$；

$\Delta L$——管段长度，m。

从式（6-40）的物理意义可知，$\dfrac{\Delta L}{\Delta\tau}$即发生水锤时压力波的速度 $a$。于是式（6-40）变为：

$$\Delta P = \rho v_1 a \tag{6-41}$$

下边通过例 6-4 了解水锤的影响程度。

**例 6-4**　供暖管网管道规格为 $\phi 1020\times10$。正常运转时水流速为 2.8m/s，阀前水压为 0.5MPa。管网管线自泵站到阀门长 10km。阀门在 15s 内被关闭。管道为 20 号钢管，管中水温为 90℃。

**解**：根据式（6-37），管内压力波传播速度为：

$$a = \left[\frac{E_0\times10^6}{\rho\left(1+\dfrac{E_0 D}{E\delta}\right)}\right]^{0.5}$$

由水的物理性质表可知，90℃ 水的密度为 965.34$kg/m^3$。水的体积弹性模量 $E_0$ 为 2191MPa。20 号钢的弹性模量 $E$ 为 $20\times10^4$MPa。管道内径 $D$ 为 1.0m。管道壁厚 $\delta$ 为 0.01m。

代入式（6-37），得：

$$\begin{aligned}
a &= \left[\frac{2191\times10^6}{965.34\times\left(1+\dfrac{2191\times1.0}{20\times10^4\times0.01}\right)}\right]^{0.5}\\
&= 1041\text{m/s}
\end{aligned}$$

判断关闭阀门操作时间

$$\begin{aligned}
\tau &< \frac{2L}{a}\\
&< \frac{2\times10000}{1041}\\
\tau &< 19.2\text{s}
\end{aligned}$$

本例关闭阀门用了 15s，小于判别时间（19.2s），将引发严重水锤。

水锤的破坏力用式（6-40）检验：

$$\begin{aligned}
\Delta P &= \rho v_1 a\\
&= 965.34\times2.8\times1041\\
&= 2813773\text{Pa}
\end{aligned}$$

水锤发生的瞬间支架所承受的力：

$$\begin{aligned}
F &= (P+\Delta P)\times A\\
&= (0.5+2.814)\times10^6\times\frac{\pi}{4}\times1.0^2\\
&= 2.603\times10^6\text{N}
\end{aligned}$$

相当于 260t 的推力。

阀前管壁承受的应力为：

$$\sigma = \frac{(P + \Delta P)D}{2\delta}$$

$$= \frac{(0.5 + 2.814) \times 1.0}{2 \times 0.01}$$

$$= 165.8 \text{MPa}$$

20 号钢的许用应力 $[\sigma]$ 为 137MPa。发生水击时管壁应力已经超过许用应力。

**2. 汽水冲击**

蒸汽管道中出现少量冷凝水。因冷凝水没有及时排到管网外，沉积在管底。若管中蒸汽开始流动，管中便形成气、液两相流。蒸汽流速较低时，管道上部空间输送蒸汽，下部空间输送水。水比蒸汽密度大，流动时水与管道摩擦阻力比蒸汽流动阻力大。蒸汽在上水在下，蒸汽"带着"水向前走。当气流速度高到一定程度后，蒸汽将管底的积水"推起"，管底原来一层冷凝水变成一段水柱。这时水柱便以气流一样的速度前进。高速向前冲的水柱具有很大动量。当前行的水柱受阻，水柱的动量便转换成冲量。这就是蒸汽管网中具有危害性的汽水冲击。下面通过例题解析并讨论。

**例 6-5**　一段蒸汽管道规格为 $\phi 426 \times 8$，蒸汽压力为 1.0MPa，温度为 184℃。管段长 100m，管段末端阀门关闭 8h，管段中生成 125L 冷凝水，积存在管底。管段末端是 90° 弯头和弯头后的阀门，阀门后通外界空气。突然打开阀门，发生汽水冲击，试解析。

**解**：根据式 (5-9)、式 (5-10) 和式 (5-11)，蒸汽在管道中流动受到的阻力：

$$\Delta P_1 = \frac{0.000818(L + L_m)G^2 \times 10^{-6}}{\rho d^{5.25}}$$

水在管道中流动受到的阻力：

$$\Delta P_2 = \frac{0.00103(L + L_m)G^2 \times 10^{-6}}{\rho d^{5.25}}$$

介质在管道中流速：

$$v = \frac{G}{0.9\pi d^2 \rho}$$

冷凝水形成水柱后，蒸汽和水以相同的速度前进。蒸汽被输送 100m。冷凝水从管底逐步堆积形成水柱。经计算水柱长度为 1m。不考虑局部阻力当量长度 $L$。蒸汽、水共同向前前行产生的阻力为：

$$\Delta P = \Delta P_1 + \Delta P_2$$

$$= (0.00654 \times L_1 \rho_1 + 0.00823 \times L_2 \rho_2) \times \frac{v^2 \times 10^{-6}}{d^{1.25}}$$

蒸汽的密度 $\rho_1$ 为 5.64kg/m³，水的密度 $\rho_2$ 为 882.5kg/m³。

管段长 $L$ 为 100m，管径 $d$ 为 0.41m，$\Delta P$ 为 0.9MPa。得蒸汽、水流速：

$$v = \left( \frac{\Delta P d^{1.25} \times 10^6}{0.00654 \times L_1 \rho_1 + 0.00823 \times L_2 \rho_2} \right)^{0.5}$$

$$= \left( \frac{0.9 \times 0.41^{1.25} \times 10^6}{0.00654 \times 100 \times 5.64 + 0.00823 \times 1 \times 882.5} \right)^{0.5}$$

$$= 164\text{m/s}$$

管中 125L 的水柱以 590km/h 的速度向前冲。水柱撞到前方弯头，40% 的水以 80% 的撞击速度，在 0.01s 时间反弹回来。根据式（6-38）可得：

$$\Delta F \Delta \tau = M_2 v_2 - M_1 v_1$$

回弹速度 $v_2$ 与 $v_1$ 方向相反，故撞击力：

$$\Delta F = \frac{-125 \times 0.4 \times 164 \times 0.8 - 125 \times 164}{0.01}$$

$$= -2706000\text{N}$$

水柱撞击到弯头形成高压：

$$P = \frac{\Delta F}{A}$$

$$= \frac{2706000 \times 10^{-6}}{\frac{1}{4}\pi \times 0.41^2}$$

$$= 20.5\text{MPa}$$

远远超过阀门开启前管内 1MPa 的压力。

蒸汽管网发生汽水冲击十分危险。热网启动过程暖管不充分，主阀门开启过快，可能引发严重的汽水冲击。新建热网吹扫工作过急也容易引发汽水冲击。不连续用蒸汽的支线、户线，启动阀门过快时，引起局部汽水冲击，发生局部破坏的概率更高一些。应避免在不连续用蒸汽的支线、户线上安装金属波纹管补偿器，尤其应避免将金属波纹管补偿器安置在水平管段翻高地段、管线三岔口以及水平弯头处。

## 6.9　防止热网管道失稳

热网管道在任何时候都必须保持形状稳定，几何连续。管道在内部力或外部力作用下整体过度变形、局部过度变形、褶皱、弯曲，都会给热网安全带来威胁。对热网中常见的几种使管道失稳的情况介绍如下：

**1. 弯曲**

水平架空敷设的热网管道在自身重量的影响下，会发生下垂现象。管道相邻两个支撑点距离越远，两支撑点中间管道下沉越严重。发生下沉的管道，在受到外部振源扰动时，容易产生大幅振动，影响热网运行。管道的下沉幅度称为挠度。挠度越大，管道固有频率越低，越容易被诱发产生振动。管道的固有频率用下式表示：

$$f = \left( \frac{g}{4\pi^2 \Delta y} \right)^{0.5} \tag{6-42}$$

式中　$f$——管道固有频率，Hz；

　　　$g$——重力加速度，9.81m/s$^2$；

$\Delta y$——管道挠度，m。

相邻的两个管道支架之间管道的挠度应不超过 38mm。这样可以使管道的固有频率 $f$ 大于 2.55Hz，有利于避免被诱发产生振动。

水平热网管道可以看作连续梁。热网管道的重力荷载由管道自重、管道保温层重量和介质重量组成，属于均布载荷。根据连续梁的挠度计算公式，在已有限定的管道挠度量值后，管道相邻两支座的跨距可用下式求得：

$$L = \left( \frac{EI \Delta y \times 10^6}{Kq} \right)^{0.25} \tag{6-43}$$

式中　$L$——热网管道相邻支座之间距离，m；

$E$——热网管道钢材的弹性模量，MPa；

$I$——管道惯性矩，$m^4$；

$\Delta y$——管道下垂引起的挠度，m；

$K$——挠度系数，取 0.677；

$q$——管道综合重量，N/m。

热网管道和动力管道不同。热网管道几乎不连接动力设备，受振动干扰的概率并不高。因此最大挠度不应超过 38mm 不是硬性指标。部分资料中要求管道最大挠度不应超过 0.1 倍管径。

## 2. 压杆失稳

压杆稳定指的是承受明显的来自外界轴向作用力的细长杆件，当轴向作用力达到某个临界值时，受到微小的径向扰动，杆件突然产生大幅度弯曲变形，对此称为压杆失稳。热力管网的管线长度相对于管道的直径完全符合细长杆件的定义。架空敷设的热网管道升温阶段时管道将发生膨胀，在轴线方向伸长。此过程中管道与支座产生相对位移，产生摩擦力，对管道形成轴向作用力。管线中的补偿器生成弹性反力，在管道轴向方向对管道形成"压迫"。对于部分无补偿器的管网，当有限制管道伸长的限位装置时，会产生更大的轴向推力，使管道轴向受压。为了防止架空热网管道失控，除了保证管道支架能够在两个维度都可以自由移动之外，热网管道的支架都应当设置成导向支架。且两个相邻的导向支架的距离不应过大，有利于避免产生压杆失稳问题。

根据欧拉公式，两端轴向受压的细长杆件维持平衡的临界压迫力由下式计算：

$$N_c = \frac{\pi^2 EI \times 10^6}{(CL)^2} \tag{6-44}$$

式中　$N_c$——压杆上的临界作用力，N；

$E$——杆件材料的弹性模量，MPa；

$I$——杆件惯性矩，$m^4$；

$L$——压杆长度，m；

$C$——压杆长度系数，无量纲。

压杆的长细比为：

$$\lambda = CL \left( \frac{A}{I} \right)^{0.5} \tag{6-45}$$

欧拉公式的使用范围为：

$$\lambda \geqslant \left(\frac{\pi^2 E}{\sigma_n}\right)^{0.5}$$

式中　$\lambda$——受压杆件的长细比，无量纲；

　　　$A$——受压杆件截面积，$m^2$；

　　　$\sigma_n$——受压杆件的比例极限，MPa。

对于热网管道，可以认为两支点为铰接。根据压杆特性，两端为铰接的压杆，其长度系数 $C$ 取值为 1。由此可以导出为防止因轴向受推力使管道失稳，架空敷设管道相邻两支座的极限长度为：

$$L_c = \left(\frac{\pi^2 E I \times 10^6}{N_c}\right)^{0.5} \tag{6-46}$$

式 (6-46) 中，$L_c$ 是压杆受到轴向推力 $N_c$ 时不失稳的极限长度。为了防止出现意外，热网管道相邻两支座的最大距离取极限长度的 $0.5 \sim 0.7$ 倍。

### 3. 直埋敷设热网管道避免竖向失稳

直埋敷设热网管道周围覆盖土壤，管道承受径向压力。直埋敷设热网管道当采用无补偿敷设时，从安装温度到最高运行温度之间总会有一个区段，管道中存在较大的轴向压应力，这与上一小节讨论的压杆稳定有相似之处。不同之处在于直埋管道周围不是"自由的"，是受土壤"约束的"。正常情况直埋敷设热网管道都应当保证管道顶端有最小限度的覆土。当满足上述条件时，管网是安全的。不会发生类似压杆失稳的问题。但是当管道顶端覆土深度不足，或因施工使热网管道顶端的覆土被移走，承受轴向压应力的管道失去约束后，管道将失稳。这时管道会向上"凸出"，甚至"拱出"地面，这种情况是不被允许的。热网管道上方应保持足够的压力，防止出现管道竖向失稳。下列公式用以检验热网管道竖向是否稳定：

$$Q \geqslant \frac{\gamma_s N_{max}^2 f_0}{EI \times 10^6} \tag{6-47}$$

式中　$Q$——单位长管道上的垂直载荷，N/m；

　　　$\gamma_s$——安全系数，取 1.1；

　　$N_{max}$——热网管道轴向最大推力，N；

　　　$f_0$——热网管道的初始挠度，m；

　　　$E$——管道材料的弹性模量，MPa；

　　　$I$——管道横截面惯性矩，$m^4$。

管道上的垂直载荷包括管道顶端覆土的重量、管道自身重量、保温层重量、管内介质重量，还包括管道向上"拱起"破坏管道顶端土层的土层剪切反力。分别由下列公式计算：

$$Q = G_g + G_p + 2S_f \tag{6-48}$$

式中　$G_g$——单位长管道顶上土层重量，N/m；

　　　$G_p$——单位长管道自身重量，N/m；

　　　$S_f$——单位长管道上方土层破坏时剪切反力，N/m。

$$G_g = \rho g \left( HD_c - \frac{\pi D_c^2}{8} \right)$$ (6-49)

式中　$\rho$——土壤密度，$kg/m^3$，取 $1800kg/m^3$；

　　　$g$——重力加速度，$9.81m/s^2$；

　　　$H$——管中心线到地面距离，$m$；

　　　$D_c$——管道外护管直径，$m$。

$$S_f = \frac{1}{2}\rho g H^2 K_0 t_g \varphi$$ (6-50)

式中　$\varphi$——回填土土层的内摩擦角，砂土取 $30°$；

　　　$K_0$——土层静压力系数，无量纲；

　　　$t_g$——角度为 $\varphi$ 的三角函数。

$$K_0 = 1 - \sin\varphi$$ (6-51)

热网管道的初始挠度 $f_0$ 按下式计算：

$$f_0 = \frac{\pi}{200} \times \left( \frac{EI \times 10^6}{N_{max}} \right)^{0.5}$$ (6-52)

式（6-52）中符号的意义同上。当初始挠度小于 $0.01m$ 时取 $f_0$ 为 $0.01m$。

需要注意的是，热网管道竖向失稳的风险在水平方向也可能发生。运行中的直埋敷设管网轴向侧边土壤因其他市政管线工程施工而被"移开"，可能引发热力管网水平失稳。发生该风险的概率较低，若遇到，可查阅相关文献。

### 4. 管道局部失稳

热网管道属于薄壁管。早年热网管道长度和管径的规模都不算很大。随着城市化的推进和经济技术的发展，长距离管网、大口径管道，已司空见惯。当管径较小时，很多问题没有显现。随着大口径管道问世，问题逐渐多了起来。根据经验，尺寸超过 $DN500$ 的管道需要关注局部失稳的问题。从工程案例中人们发现，受轴向力压迫的大口径管道在几何不连续的部位，如三通、弯头、变径处，以及管壁有缺陷的点位，出现局部折皱、屈曲。研究表明，存在一个临界屈曲应力：

$$\sigma_{cr} = aE \times \left( \frac{\delta}{D} \right)^b$$ (6-53)

式中　$\sigma_{cr}$——临界屈曲应力，$MPa$；

　　　$E$——管道材料的弹性模量，$MPa$；

　　　$\delta$——管壁厚度，$m$；

　　　$D$——管道直径，$m$。

式（6-53）中的系数 $a$ 和指数 $b$，不同的学者给出了不同的量值。公式的意义在于提醒从业者，热网管道口径越大，管壁就需要越厚。管壁厚度不仅要满足介质压力（强度）的要求，还需要满足管道稳定（刚度）的要求。

### 5. 管道椭圆变形

直埋敷设的热网管道顶端承受土层压力。土层越厚管网竖向越稳定。但事物总有两面性。管道顶端上的土荷载垂直压迫水平敷设的管道。对于管道尺寸为 $DN500$ 以下的管道，无论是热网工作管还是保温外套管都较少出现问题。当管径不断增大问题就开始显现。在土层重压以及地面车辆动载作用下，管径大而管壁薄的管道会发生径向椭圆变形。管道过于椭圆化将会妨碍热网正常工作。为此，相关规范要求，管道的椭圆变形率不得超过管径的 3%。为了满足上述要求，我国直埋敷设蒸汽保温管道产品标准中规定，空芯外护钢管的径厚比不得大于 100；实芯钢管的径厚比不得大于 140。

# 第7章

# 蒸 汽 管 网

## 7.1 蒸汽管网热效率

输送工业蒸汽的管网在蒸汽管网中占绝大多数。因为是为生产企业服务，输送工业蒸汽管网多数常年运行。因此管网每年输送的热能量巨大。蒸汽管网的热效率对节能减排指标，占有举足轻重的地位。

蒸汽管网从热源厂取得蒸汽 $G_o$，蒸汽的焓值 $h_o$。热网用户从热网获得蒸汽 $G_e$，蒸汽焓值 $h_e$。管网入口通常有一个，用户出口则有许多个。这里 $h_e$ 为热网各用户获取蒸汽品位的加权平均值，即：

$$h_e = \frac{\sum G_{ei} h_{ei}}{\sum G_{ei}} \tag{7-1}$$

根据投入产出关系，蒸汽管网的热效率为：

$$\eta = \frac{\sum G_{ei} h_{ei}}{G_o h_o} \tag{7-2}$$

输入蒸汽管网的蒸汽，沿途可能产生冷凝水，冷凝水量 $G_c$。由于各种原因管网泄漏蒸汽 $G_L$。热网入口蒸汽减去冷凝水和泄漏掉的蒸汽，等于热网出口蒸汽量。式（7-2）还可表示为：

$$\eta = \frac{\sum G_{ei} h_{ei}}{(\sum G_{ei} + G_c + G_L) h_o} \tag{7-3}$$

式中　$\eta$——蒸汽管网热效率，无量纲；

　　　$G_{ei}$——用户从管网取得的蒸汽量，t/h；

　　　$h_{ei}$——用户取得蒸汽的焓值，kJ/kg；

　　　$G_c$——管网排掉的冷凝水量，t/h；

　　　$G_L$——管网漏掉的蒸汽量，t/h；

　　　$h_o$——管网入口蒸汽焓值，kJ/kg。

根据管网热平衡关系，进入管网的热量，分别到了如下去处：

1）到达管网各个出口，进入用户；

2）通过管道沿途散失到周围环境；

3）排冷凝水时，冷凝水将所携带的热量带到管外；

4）少量蒸汽逃逸到管网外，携带一部分热量。

扣掉沿途散失和丢失的热量，等于热网出口的热量。关系式为：

$$G_o h_o - \sum q_i(1+\alpha)L_i \times 3.6 - G_c h' - G_L h = \sum G_{ei} h_{ei} \qquad (7\text{-}4)$$

变换一下，得：

$$\frac{\sum G_{ei} h_{ei}}{G_o h_o} = 1 - \frac{\sum q_i(1+\alpha)L_i \times 3.6 + G_c h' + G_L h}{G_o h_o}$$

$$\eta = 1 - \frac{\sum q_i(1+\alpha)L_i \times 3.6 + G_c h' + G_L h}{G_o h_o} \qquad (7\text{-}5)$$

式中　　$q_i$——热网管段基本散热强度，W/m；

　　　　$\alpha$——热网管线附加散热系数，无量纲；

　　　　$G_o$——蒸汽管网入口蒸汽流量，t/h；

　　　　$L_i$——管线长度，km。

　　　　$h'$——冷凝水焓值，kJ/kg；

　　　　$h$——泄漏蒸汽的焓值，kJ/kg。

从式（7-3）和式（7-5）中可知：

① 热网管道基本散热量 $q$ 越低，管网热效率越高；

② 热网管线附加散热系数 $\alpha$ 越小，管网热效率越高；

③ 热网管线越长，管网热效率越低；

④ 热网有蒸汽泄漏和冷凝水产生，对热网效率带来不利影响。式（7-4）变换一下形式，为了讨论方便，用 $G_e h_e$ 代替 $\sum G_{ei} h_{ei}$，用 $q(1+\alpha)L$ 代替 $\sum q_i(1+\alpha)L_i$ 得：

$$G_o h_o - G_e h_e = q(1+\alpha) \times L \times 3.6 + G_c h' + G_L h \qquad (7\text{-}6)$$

分析式（7-6）可发现：

1）公式右边有管线散热量。管道保温材料优劣，保温层厚薄决定管道基本散热强度 $q$ 值大小。管线保温结构是精致还是粗糙简陋决定管线附加散热系数 $\alpha$ 的高低。在用户用蒸汽量 $G_e$ 一定的前提下，$q$、$\alpha$ 和 $L$ 值越高，管网冷凝水量越多，管网效率越差。

2）在 $q$、$\alpha$ 和 $L$ 一定时，用户用蒸汽量 $G_e$ 越小，则冷凝水量 $G_c$ 越多，管网效率越低。

3）管网有蒸汽泄漏 $G_L$ 对管网热效率构成不利影响，必须杜绝管网漏气现象。

4）管网入口焓值 $h$，对管网热效率的影响比较复杂。管网入口蒸汽焓值 $h_o$ 主要取决于管网入口蒸汽温度 $t_o$。关于 $t_o$ 对热网的影响将在本章节后面小节专门讨论。这里先讨论 $h_o$ 对管网热效率的影响。

5）热网入口焓值 $h_o$ 如果过低，极限值是入口蒸汽压力下的饱和蒸汽焓值 $h''_{os}$。此时热网全线饱和，冷凝水量 $G_c$ 最大。管网热效率低下。

6）热网入口焓值 $h_o$ 提高，使热网全线脱离饱和状态，热网效率保持较高状态。

7）热网入口焓值 $h_o$ 进一步提高，意味着将入口蒸汽温度拉高，这将使出口蒸汽"离开"饱和点。出口蒸汽过热度升高，管线全线温度升高，增加了管网与环境温差。提高了管道保温层平均温度，使管道保温效果恶化，散热强度升高。对提高管网热效率无益，且使热源方负担加重。因此过于抬高管网入口蒸汽焓值没有明显意义。

## 7.2　蒸汽管网的量长比

蒸汽管网中有两个参数关系十分重要，指的是管网中蒸汽流量 $G$ 和管线长度 $L$。根据管网热平衡关系式（7-4），忽略冷凝水 $G_c$ 和泄漏蒸汽 $G_L$，得：

$$G_o h_o - \sum q_i (1+\alpha) L_i \times 3.6 = \sum G_{ei} h_{ei}$$

变换一下，得：

$$G_o h_o \left(1 - \frac{\sum G_{ei} h_{ei}}{G_o h_o}\right) = \sum q_i (1+\alpha) L_i \times 3.6 \tag{7-7}$$

式中：$\dfrac{\sum G_{ei} h_{ei}}{G_o h_o} = \eta$，$\eta$ 是热网输送热效率。

令 $L = \sum L_i$

则：$\dfrac{G_o}{L} = \dfrac{\sum q_i (1+\alpha) L_i \times 3.6}{L \times (1-\eta) h_o}$

式中：$\dfrac{G_o}{L}$ 就是蒸汽管网的量长比，用 $C_{G\text{-}L}$ 代表量长比，得：

$$C_{G\text{-}L} = \frac{\sum q_i (1+\alpha) L_i \times 3.6}{L \times (1-\eta) h_o} \tag{7-8}$$

由于用来评价热网优劣的热效率取平均热效率值，式（7-4）中热网管线入口蒸汽流量 $G_o$ 也取流量平均值。量长比 $C_{G\text{-}L}$ 可用来评价整个热网，这时 $\sum L_i$ 是整个管网管线长度。$q_i$ 是所在管线依据各管段长度的加权平均值。$L_i$ 就是 $q_i$ 的权重。

经营蒸汽管网应当使管网保持高效率。对于蒸汽管网当然应该让管道散热强度 $q_i$ 尽量低。第 4 章讨论管道保温时已经介绍过，管道保温提供的散热热阻受对数曲线特性制约，提升热阻可运作的空间有限。过度增加管道保温厚度，事倍功半。管网的附加散热系数 $\alpha$ 即使技术措施做到极致，也不可能减少到零。更不可能变成负值。提高管网入口蒸汽焓值 $h_o$ 的操作空间也有限。通过以上讨论可得出结论，蒸汽管网的量长比 $C_{G\text{-}L}$ 宜大不宜小。就是说，有足够大的蒸汽流量，才能建造长距离管网。没有蒸汽流量支持，热网效率必然低下。在热网立项、规划阶段，量长比这个指标很重要。

## 7.3　蒸汽管网参数

蒸汽管网的使命是"保障供给"和"保护环境"。保障供给就是要满足用户的需求。保护环境就要节省能源，减少污染。蒸汽管网设计者的任务就是要提供一个高效率、高效益的热网方案，满足社会方方面面的要求。

热网的用户需求的是"热能"。用户的需求不仅有量的要求，还有质的要求。用户的要求通过热网参数来体现。热量的载体是蒸汽。用户在一段时间内获得了一定数量的具有某种品位的蒸汽，即得到一定数量的热能。用热网参数来表述：

$Q$——热量，GJ 或 kJ；

$h$——蒸汽焓值，kJ/kg；

$G$——蒸汽流量，t/h；

$\tau$——时间，h。

上述参数构成的关系式为：

$$Q = Gh\tau \tag{7-9}$$

式中流量 $G$ 体现为"量"的指标。流量大，热网的规模、体量就可以大。焓 $h$ 体现蒸汽的品位。蒸汽的焓值 $h$ 由蒸汽的压力 $P$ 和温度 $t$ 来决定。温度越高，蒸汽的焓值 $h$ 越高。热能用户从蒸汽中获取热量使用饱和蒸汽。饱和蒸汽的温度高低取决于蒸汽压力。到达用户端蒸汽的压力高，蒸汽的饱和温度也高。

热网从热源处取得蒸汽，热源处蒸汽压力比用户端蒸汽压力高。依靠热源与用户之间蒸汽压差推动管网中蒸汽流动，将蒸汽送往用户。这里的压差称作资用压头。蒸汽从热源厂流到用户端沿程散失热量，蒸汽温度降低。所以热源处蒸汽温度比用户端蒸汽温度高。蒸汽的压力高、温度高，蒸汽的品位就高。显然在从热源到用户途中，热网"有所付出"。"付出"大或小与热网的配置有关，也与用户和热源蒸汽参数有关。相关的用户端蒸汽参数、热源点蒸汽参数如下：

$G_e$——用户从热网获取的蒸汽数量，t/h；

$P_e$——用户端蒸汽压力，MPa；

$t_e$——用户端蒸汽的温度，℃；

$h_e$——用户端蒸汽的焓值，kJ/kg；

$G_o$——热源发送到热网的蒸汽量，t/h；

$P_o$——热源发送到热网的蒸汽压力，MPa；

$t_o$——热源发送到热网的蒸汽温度，℃；

$h_o$——热网入口蒸汽焓值，kJ/kg；

上述参数中，前四项是用户端参数，后面四项是热源点或者说热网入口蒸汽参数。蒸汽管网参数取决于热量用户。众多热量用户的需求汇集成对热源的要求。为了讨论问题方便，假设热网有一个热源且只有一个用户。根据式（5-11）可得：

$$\Delta P = P_o - P_e$$

$$\Delta P = \frac{0.000818(L + L_m)G^2 \times 10^{-6}}{\rho d^{5.25}}$$

对于管网的主干线，可以按每千米投影长度在热网最大流量下压降不超过 0.03MPa 来安排。用局部阻力当量长度系数 $\beta$ 替换当量长度 $L_m$，可得：

$$\Delta P = \frac{0.000818L(1 + \beta)G^2 \times 10^{-6}}{\rho d^{5.25}}$$

$$\frac{\Delta P}{L} = \frac{0.000818(1 + \beta)G^2 \times 10^{-6}}{\rho d^{5.25}}$$

由上式得到选择管网管径的公式：

$$d = \left(\frac{0.000818(1 + \beta)G_{max}^2 \times 10^{-6}}{\rho(\Delta P/L)}\right)^{\frac{1}{5.25}}$$

$$= \left( \frac{0.000818(1+\beta)G_{max}^2 \times 10^{-6}}{0.03\rho} \right)^{\frac{1}{5.25}} \tag{7-10}$$

对于支线上管道的直径则根据资用压头 $\Delta P$ 来计算,不需要受限于每千米压降为 $0.03\text{MPa}$ 的条件。

根据上面的原则,热网入口蒸汽压力由下式得出:

$$P_o = 0.03L + P_e \tag{7-11}$$

可知用户端蒸汽压力 $P_e$ 定得越高,管网入口压力就越高。对于大多数蒸汽管网都是以热电厂作为热源。热网入口蒸汽压力越高,汽轮机出口压力就越高,汽轮机可用压差就越低,发电能力就越弱,热电联产的效率就低。这是一个严重的问题。往往是由于用户端蒸汽压力 $P_e$ 被抬高了。在蒸汽管网筹建阶段,热量用户负荷调查时应认真核查用户真实需求。否则热网设计压力被抬升到不必要的高度,会给电厂汽轮机选型、热网设备选型增加困难,导致热网建设中出现无效投入。

关于蒸汽管网入口温度 $t_o$,通过式(5-20)来确定。公式如下:

$$G(h_o - h_e) \times 10^3 = qL(1+\alpha) \times 3.6$$

公式中流量 $G$ 取热网低负荷时的流量。可取最低流量等于最高蒸汽流量的 $40\%$。可得:

$$h_o = \frac{qL(1+\alpha) \times 3.6}{0.4G_{max} \times 10^3} + h_e$$

得到热网入口蒸汽焓值就可得到管网入口蒸汽温度 $t_o$。公式中涉及管道散热强度 $q$。由式(4-3)得:

$$q = \frac{\Delta t}{\frac{1}{2\pi\lambda} \ln \frac{d+2\delta}{d}}$$

式中 $t_a$——环境温度,可取 $20℃$。

公式中:$\Delta t = \frac{t_o + t_e}{2} - t_a$。

运用上述公式的原则是使管道保温的热阻在经济技术合理的前提下达到极大,即保温厚度 $\delta$ 取极大值。在满足用户要求的情况下将用户端蒸汽温度压到最低,最终在满足用户使用要求的条件下,将热网入口温度尽量降低。与蒸汽管网入口压力取值类似的原因是,热网入口蒸汽温度随意提高,将使汽轮机效率降低。将提高蒸汽管网介质平均温度,使管网散热强度上升。也使管道保温材料导热系数上升,保温效果变差。

## 7.4  蒸汽管网布置

蒸汽管网是把热源厂和热量用户连接到一起的纽带。通过热网将热源厂产生的蒸汽输送到分布在各处的众多热量用户那里。热量用户少则几家,多则几十家甚至一百多家。热网管线短的有几千米,长的有 $20 \sim 30\text{km}$。部分蒸汽到用户那里直接消耗掉了,例如用于蒸煮作业。另一类用法为,蒸汽进入换热器,释放热量(汽化潜热)转变成冷凝水。热量用户处产生的冷凝水量(以重量计算)比热网输出的蒸汽量要少,数量不稳定。又由于现代管网输送距离都较长。用户那里产生的冷凝水回收成本偏高。因此，现代热网极少设冷凝水回收管线。故现代蒸汽管网都是单向的，不设回程凝水管线。这与供暖、空调冷热水管网（有供水管，有回水管，去多少水量，返回还是多少水量）是不一样的。

本节讨论蒸汽管线的布置方式。不涉及地上布置、地下布置、管架布置、管廊布置，所讨论的内容只与管线走向有关。

从热源厂引出的蒸汽管道称为蒸汽干管。蒸汽干管连接用户，沿途具有许多分支，称为支干管。支干管上再生分支，进入用户，称为入户管线。这种布置形式称为枝状管网。枝状管网是最基本的形式，被采用得最多。

与枝状布置不同的是环状布置方式。环状布置管网通常有两根蒸汽母管。两根母管从同一热源厂出来，伸向不同的方向。沿途两根干管伸出许多支线与用户连接。两根不同走向的管道，最后相向延伸，并终对接成环，故称之为环状管网。

无论枝状管网，还是环状管网，都还有单管布置、双管布置以及多管布置几种方式。此外，在蒸气管网中还可见到联通管。

上述各种布置形式在功能上有何不同，以及需要注意的问题，将在下面文段进行讨论。

**1. 枝状管网**

枝状管网是应用最广泛、适应性最强、最普通的蒸汽管网形式。沿程分流蒸汽送到就近用户。从热源厂起向下游延伸管径逐级减少，使管中蒸汽保持合适的流速，使单位长管道散热保持在合适的范围，从而保障下游用户得到需要的蒸汽压力和温度。

和枝状水网一样，管网中任何一处用户流量变化，都会影响全网各处压力发生变化。对流量变动点上游管网各处构成不等比例的影响。对变动点下游管网构成等比例的影响。但蒸汽用户对获得的蒸汽压力一般并不敏感，只需要压力不低于用户需要的最低压力值。下游管网压力等比例变化这一特性，对管网自动控制很重要。枝状管网这一特性使管网自动控制变得很有规律，易于实现。

**2. 环状管网**

环状管网就干线而言，只有首端，没有尾端。环状管网的好处在于可靠性强。一旦管线某处发生故障，可以实现反向供给蒸汽。但现代工程技术进步很快，管网出现严重故障的概率已很低，环状管网上述优点的价值越来越弱。

环状管网没有尾端。在距离起点（热源厂）较远的区段，管内蒸汽的流动方向会变得不确定。管中蒸汽有时从左向右流动，过些时候变成自右向左流动。在临界状态，管中蒸汽可能不流动。蒸汽管道散热并不会因为管中蒸汽流动或不流动而发生改变。管中蒸汽流动，蒸汽管道向外界环境散热。管中蒸汽不流动，蒸汽管道依旧向周围环境散热。不同点在于管中蒸汽流动时，若蒸汽状态是过热的蒸汽，管道散热使管中过热蒸汽温度有所下降。如果管中蒸汽不流动，或流速很低，管中蒸汽一定是饱和蒸汽，并且因管道散热，管中蒸汽会不断地冷凝成水。管网排放冷凝水会使管网热损失上升，降低管网热效率。管中蒸汽不流动，且有冷凝水。一旦管网压力突然变化，冷凝水可引发水击，使管网处于不安全状态。这和水网有较大区别。鉴于此，如果没有充分理由证明采用环状布置方式确有必要，不应选择环状蒸汽管网。

### 3. 联通管

蒸汽管网中设置联通管是常用手段。联通管使两条平行布置的管线得以互通。对于不平行敷设的两条管线，在相互接近的地点，设联通管使之互相连通。对提高管网的可靠性有益处，对管线之间平衡负荷也有益处。

联通管不应过长，否则，类似环状管网特性的弊端就会显现出来。联通管一般设在管网中上游。联通管两端应设阀门，在不需要时，可从管网上解裂，避免无效散热。

### 4. 双管

双管指两条蒸汽管道从热源厂起平行敷设。两根管线管径可选择等径的，也可选择不等径的。当热负荷随季节变化发生巨大变动时，可设一大一小两种管径的管线。根据季节变化，热负荷变化切换运行。实际上仍然是单线运行，但运行保障能力比纯单线运行要高。

另一种情况，当用户对蒸汽供给的保障有极高要求时，可选择双线并行供蒸汽。当一条管线发生故障，另一条管线仍可继续供蒸汽。但双管供蒸汽使管网管道散热面积明显加大。大约增加40%。这对管网热效率十分不利。管网建设投资，维护成本都相应增加。因此，除非蒸汽供应期间蒸汽不能断供，一般应慎用双管。

当管网中个别用户对蒸汽参数有特定要求时，应考虑多线供蒸汽。例如普通用户有0.5～0.7MPa饱和蒸汽就可满足用热要求。在保证到达用户端蒸汽压力符合要求的前提下，可尽量降低热网入口压力和入口蒸汽温度。对减少热网散热，提高发电（热电联产）效率都有益。个别用户需要较高压力的蒸汽或需要温度较高的过热蒸汽。对这类用户应使用专线供蒸汽，并在热网入口配置不同参数的蒸汽。

还有一种情况，用户没有特殊要求，离热源厂很近。而热网管线很长。热网入口蒸汽压力、温度都较高。如果用一条管线供蒸汽、近端用户得到的蒸汽压力、温度都可能很高。入户线散热强度因蒸汽温度高也会相应地提高。若用户间歇用蒸汽，入户线管道中会产生温度很高的冷凝水，使热损失上升。用户管线中蒸汽温度昼夜波动幅度会很大。对管线寿命有影响。这种与热源厂极近的用户宜与远距离用户分线布置。在热网入口处供应不同压力、温度的蒸汽。

### 5. 孤户及小散户

孤户指用蒸汽量很小，距管网干线很远的用户。孤户原则上不宜挂网。从安全、效益、热效率等诸多方面考虑，往往弊大于利。如有可能应采用分布式能源方式解决用户需求。

小散户指用蒸汽量很小。因为管线散热并不因用户停止用蒸汽而停止散热。而且因为用户停止用蒸汽，管线中蒸汽不流动，管线中会不断生成冷凝水。排冷凝水使管网热损失上升。如果小散户附近有连续用蒸汽且蒸汽量较大的用户，可尽量安排大用蒸汽量用户设置在最远端。若处理得好，可减少或避免小散户引起冷凝水生成。对提高管网热效率和安全性是有益的。此外，用冷凝水汽化技术"消化"小散户产生的冷凝水也是一种提高热网热效率的措施。

# 第8章

# 热网管道补偿

## 8.1 热网管道

热网管道指的是输送冷、热介质的管道，敷设在户外。冷、热介质包括空调冷水、生活热水、供暖热水和水蒸气。空调用冷水温度为 5～13℃，生活热水温度为 70℃，供暖热水温度为 70～150℃，水蒸气温度为 180～320℃。无论哪种管道，其中介质的温度与环境温度都不同。空调冷水比夏季气温低，生活热水、供暖热水和水蒸气的温度都比环境温度高。然而所有管网在建造时其管道的温度都与环境温度基本相同。

热网管道属于普通民用管道，主要采用普通钢材制造。最常用的钢材是 Q235、20 号，偶尔也会有低合金钢（如 16Mn）。在供暖管道和生活热水管道中也可能用到塑料管道，如聚乙烯管。本书将只讨论低碳钢制作热力管道。

钢材和其他物质一样，当温度发生变化后，在自由状态下，钢材所制造的构件，如钢管，其尺寸会发生少许改变。即所谓热胀冷缩现象。反映钢材这一物理特性的公式如下：

$$\Delta L = \alpha L(t_2 - t_1) \qquad (8-1)$$

式中　$\alpha$——钢材线性膨胀系数，m/(m·℃) 或 mm/(m·℃)；

　　　$L$——钢管长度，m；

　　　$t_1$——钢管初始温度，℃；

　　　$t_2$——钢管当时温度，℃；

　　　$\Delta L$——管道长度变化量，mm 或 m。

各种材料的线膨胀系数都不同。例如聚乙烯的线膨胀系数比钢材约大 10 倍。在不同的温度下线膨胀系数也不相同。一般情况下，低碳钢的线膨胀系数可取 0.012mm/(m·℃)。如果想更精准地计算，可到第 2 章查阅相关公式。

式（8-1）的使用条件是钢管在完全自由的状况下。在工程中包括热力管网并不总能具有完全自由的条件。因此也要明确在不完全自由甚至完全不自由的状况下会发生何种变化。第 6 章中式（6-12）给出了在完全不自由的条件下钢材（钢管）温度发生变化时钢材性质发生何种变化。公式如下：

$$\sigma = E\alpha(t_2 - t_1)$$

将式（6-12）和式（8-1）合在一起得：

$$\frac{\sigma}{E} = \alpha \Delta t = \frac{\Delta L}{L} = \varepsilon$$

$$E = \frac{\sigma}{\epsilon}$$

上面公式中 $E$ 是钢材的弹性模量，是钢材的物理性质之一。钢材的弹性模量 $E$ 也是温度的函数。式（2-4）反映了 $E$ 与温度的关系。图 2-2 反映了钢材应力 $\sigma$ 和应变 $\epsilon$ 的关系。对于上面讨论的内容可以进行如下推想。有一根钢管，长度为 $L$。钢管处于完全自由状态。钢管初始温度为 $t_1$，钢管吸收热量，温度升高到 $t_2$，钢管温度的变化为 $\Delta t$。在温差 $\Delta t$ 的作用下，钢管伸长了 $\Delta L$。然后从钢管轴向前后两端给钢管施加压力 $F$，将钢管压缩 $\Delta L$，恢复初始长度。对于外界施加的作用力为 $F$，钢管材料内部作出反应，产生应力。钢管管壁横截面积为 $A$。钢管内产生的应力根据第 2 章中式（2-1），等于外界作用力 $F$ 除以钢管管壁横截面面积 $A$。得：

$$\sigma = \frac{F}{A}$$

若此时撤销外作用力 $F$，钢管在内应力驱动下伸长 $\Delta L$，恢复到对钢管施加外力 $F$ 之前的状态。发生上述一系列变化的条件是，钢管本次热伸长量 $\Delta L$ 不是很大。原因为钢管温度增量 $\Delta t$ 不是很大。在材料力学中，这个过程发生在钢材弹性变形范围内，在图 2-2 上的 0-1 区间。

下面将上述过程重新进行一次"演习"。待钢管恢复到初始长度 $L$，此时钢管的温度也回到初始温度 $t_1$。在完全自由状态下对钢管加热，钢管温度升高。这一次在钢管温度升到 $t_2$ 时继续加热。最终钢管温度升高到 $t_3$。钢管伸长了 $\Delta L'$。$t_3$ 大于 $t_2$，$\Delta L'$ 也大于 $\Delta L$。之后按前次方法对钢管两端轴向施压。当施加到钢管两端的推力 $F$ 达到上一次作用强度时，钢管被压缩 $\Delta L$。与上次的压缩量相等，钢管长度尚未压缩到初始长度，原因为 $\Delta L'$ 比 $\Delta L$ 大一些。继续加大推力，待推力加到 $F'$ 时，钢管回到初始长度。此时立即停止施加（但不是撤销）作用力，钢管长度为 $L$，钢管温度为 $t_3$。然后完全撤销加在钢管两端的推力。钢管重新伸展，但没有回到 $L+\Delta L'$ 的长度。接下来让钢管降温。等钢管温度恢复到初始温度 $t_1$ 时钢管长度比初始长度 $L$ 略短，说明钢管已发生了永久变形，即材料力学中的塑性变形。

随后如果按第一次的强度重新"演习"，这根钢管除了初始长度短了一些之外，其他结果与之前相同。

对上述过程变换一下方式重新"演习"。长度等于 $L$ 的钢管温度等于 $t_1$，钢管位于刚度和强度极大的限位板之间。限位板之间距离正好等于钢管的长度 $L$。此时钢管虽被固定两端失去自由，但也并未受到挤压。这时对钢管加热，钢管温度升高到 $t_2$。因为限位板刚度、强度极大，钢管不能伸长。按前面第一次"演习"的过程可以想象钢管加热后伸长了 $\Delta L$，之后被限位板压回到原来的位置。钢管中产生了应力 $\sigma$，钢管挤压限位板的胀力为 $F$。接下来让钢管降温。当钢管温度回到初始态 $t_1$ 后，钢管长度回到最初的 $L$。此时钢管内部应力完全消失。

随后再按前面第二个条件加热钢管。当钢管温度升到 $t_3$ 时，钢管中应力达到 $\sigma'$。然后让钢管降温，在钢管温度尚未回落到 $t_1$ 时，钢管中的应力已经降到零。钢管继续降温，恢复到初始的 $t_1$。钢管的长度比 $L$ 短一些，两端不能同时抵住限位板。

再接下来重复加热钢管，只要钢管升温上限不超过 $t_3$，无论重复多少次，钢管温度回

落到 $t_1$ 时，钢管长度不再发生新的变化。

在上面叙述的过程中，被限位的钢管温度升高后，钢管内产生的应力是压应力。若演习中限位板不但能"挡"住钢管，使钢管不能伸长。而且能"粘"住钢管使其不能缩短，则钢管温度降到 $t_1$ 时，钢管的长度仍然保持 $L$。因为限位板不允许钢管缩短。此时钢管在温度降低到等于 $t_1$ 时，长度仍然为 $L$。但钢管处于受拉状态，钢管内有拉应力存在。

限位板模式的演习过程中钢管内的应力因钢管温度变化而产生，也因温度变化而改变。在热网工程中称钢管中因温度变化而产生的应力叫作热应力。在强度理论中归属为二次应力。二次应力具有自限性。相对于二次应力的是一次应力。一次应力没有自限性。热力管网中"自限性"这个概念非常重要，可以通过下面的例子来理解。

用一根钢丝吊一组砝码。当砝码加到钢丝下端后，钢丝绷紧，钢丝内因砝码的重力作用产生拉应力。继续加砝码，钢丝绷得更紧，钢丝内拉应力变得更大。再加砝码，钢丝内应力增长到钢丝的屈服极限。钢丝发生屈服，被明显拉长。若最后增加的砝码量足够大，钢丝被持续拉长，直至最后被拉断。这个过程中并没有因钢丝屈服而终止。只要"作用力"（指砝码）存在，该过程就会继续进行。这是一次应力的特点。

关于二次应力。将一根钢丝通电流使钢丝温度升高至 300℃。将 300℃ 的钢丝拉紧（用有限的拉力，拉直即止），两端系牢。其中一端接入拉力计。停止通电流，钢丝温度下降。随着钢丝温度下降，钢丝越绷越紧。拉力计的读数不断增加。钢丝内产生拉应力。因温度下降而导致钢丝内生成应力。当钢丝温度降到 200℃ 以下时，钢丝中的应力达到屈服应力值。钢丝一端安装的拉力计读数达到最大值。钢丝温度继续降低，拉力计的读数保持不变，直至温度降低到等于周围环境温度。这个实验过程中，200℃ 以下的某个温度 $t'$ 是个临界温度。钢丝中的应力（钢丝的张紧力）达到极值，并且被限制。这就是二次应力"自限性"特征。

在蒸汽管道中因温度变化，管道欲发生的伸长或缩短受到阻碍，因之在管道管壁的横向截面上产生的应力属于二次应力。

$$\sigma = E\alpha\Delta t$$

上述公式中所指的应力 $\sigma$ 属于二次应力。引起该应力的"作用力"是 $\Delta t$。当 $\Delta t$ 足够大时，应力达到屈服极限 $\sigma_s$。即使温度变化幅度超过这个临界点，只要超过的范围在可控区间，是没有危险的。本章后面要讨论的热力管道无补偿技术就是依据这个原理。"推手" $\Delta t$ 超出"可控区间"将带来危险。对此后面章节将详细讨论。蒸汽钢管中蒸汽压力比外界空气压力大得多。钢管受到蒸汽圆周方向的压力，在钢管管壁纵向剖面上产生的拉应力是一次应力。

$$\sigma = \frac{Pd_i}{2\delta}$$

上述公式中 $\sigma$ 是管壁上因蒸汽压力而产生的拉应力，是一次应力。$P$ 是蒸汽压力，$d_i$ 是钢管内径，$\delta$ 是钢管壁厚。若钢管中蒸汽压力值大到足够使钢管壁中拉应力超过屈服应力，钢管管径变大，管壁变薄，最终钢管将"胀破"。这里没有自限性。因此由蒸汽压力 $P$、钢管直径 $d_i$ 和壁厚 $\delta$ 所构成的应力被严格地限定不得超过钢材的许用应力 $[\sigma]$。钢材的许用应力 $[\sigma]$ 不会超过钢材屈服极限的 2/3。

本节开头介绍了热力管道，包括空调冷水管道、生活热水管道、供暖热水管道和蒸汽管道。根据公式 $\sigma = E\alpha\Delta t$ 可知：若把初始温度（安装温度）定为 10℃（环境温度常取 20℃或 5℃），空调冷水可能出现的温差 $\Delta t$ 不超过 5℃。生活热水可能产生的温差是 60℃。供暖热水管道有供水管也有回水管，有一次管网和二次管网，水温参数类别较多。回水温度可低至 30℃，供水温度可高到 150℃（国外有 180℃供水管网）。与初始温度相比温差最小为 20℃，最大为 140℃。蒸汽管网蒸汽与初始温度之差大多在 170℃以上。以 20 号钢为例，100℃时：

$$\alpha = 11.2 \times 10^{-6} \text{m/(m} \cdot \text{℃)}$$

$$E = 19.8 \times 10^{4} \text{MPa}$$

屈服应力 $\sigma_s = 245\text{MPa}$；

许用应力 $[\sigma] = 134\text{MPa}$。

$$E\alpha = 2.038\text{MPa/℃}$$

把各种热力管道可能产生的热应力罗列一下可发现，蒸汽管网管道中用公式计算最低也要产生 346MPa 的热应力，远远超过了 20 号钢的屈服应力值。而生活热水供应管道的热应力只有 122MPa，比许用应力还低。即使进行杀菌作业，管道只能达到 163MPa，与屈服应力相差较大。空调冷水的作业温差极小，引发的热应力较小。而供暖热水管网较复杂。多数情况回水管道中产生的热应力比钢材的许用应力还低。而 150℃的供水管用公式计算能产生 285MPa 的热应力，足以使钢管屈服。

比较后可知，空调冷水管道及生活热水供应管道，不必为管中介质温度引发的应力问题"费心思"；供暖热水管道的问题较复杂。本章第 3 节和第 4 节将进行着重讨论。关于蒸汽管网仅考虑管道热补偿和管道中的热应力问题。

## 8.2　热网管道常用热补偿方法和补偿器

为了抵消热网管道长度尺寸的变化，热网上设置有补偿器。常用的热网补偿器有金属波纹管补偿器、套筒补偿器。根据结构不同，工作原理不同，还可继续细分。除此之外，钢材是具有良好弹性的材料。钢管也可用来做热补偿。以下对各种补偿器进行介绍。

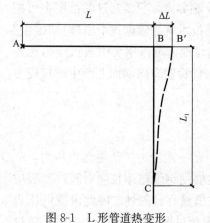

图 8-1　L 形管道热变形

### 1. L 形弯管

热网管线经常会遇到管线转弯，如图 8-1 所示，管线 A-B 中 A 点固定，到 B 点出现 90°转弯，B 点是自由端。管道 A-B 温度升高后伸长。B 点移动到 B′。管段 B-C 发生弯曲。

若管段 A-B 长为 $L$，管段 AB 伸长 $\Delta L$，发生弯曲变形的管段 BC 长 $L'$。满足 AB 管段伸长所需要发生弯曲的 BC 管段长用下式表示：

$$L_1 = 1.1 \times \left(\frac{\Delta L d}{300}\right)^{0.5} \tag{8-2}$$

式中　$\Delta L$——需要补偿的管段伸长量，mm；

　　　$d$——弯曲变形管段的管径，mm；

$L_1$——弯曲变形的管段的长度，m。

**例 8-1**　管段 A-B 长 30m，A 点固定，在 B 点转弯，转角呈 90°。管段安装温度为 20℃，运行最高温度为 220℃，管径为 325mm，求满足 A-B 管段热伸长所需要的补偿管段 B-C 的长度。

**解：**

管段 A-B 的伸长量 $\Delta L$ 由式（8-1）求解：

$$\begin{aligned} \Delta L &= \alpha L(t_2 - t_1) \\ &= 0.012 \times 30 \times (220 - 20) \\ &= 72\text{mm} \end{aligned}$$

将结果代入式（8-2），得满足上述伸长量所需弯管长度：

$$\begin{aligned} L_1 &= 1.1 \times \left(\frac{\Delta L d}{300}\right)^{0.5} \\ &= 1.1 \times \left(\frac{72 \times 325}{300}\right)^{0.5} \\ &= 9.7\text{m} \end{aligned}$$

B-C 管段大于或等于 10m 可满足 A-B 管段热补偿需要。

这种利用管道转弯进行热网热补偿的方法称为自然补偿。采用自然补偿方法，管道发生弯曲变形。管道中产生弯曲应力，对相邻的管道支座构成弹性变形反作用力。对按式（8-2）计算设置的管道进行补偿，工程实践证明是安全的，可不进行弯曲应力检验，也可不考虑对支座作用力产生的影响。前提条件是被补偿管段为 10～30m 的短管，且管线折弯 90°。超出了上述条件则应进行管网强度检验。当然这里指的折角为 90°并非严格限制。少许角度偏离也被允许。自然补偿在热力管网中是最安全、最经济的热补偿方法，设计者应充分利用。

**2. Z 形弯管**

管网中有时出现较短距离内连续转弯的情况。管线呈 Z 形。即连续两个 90°转折，如图 8-2 所示。同样是 90°转弯当然也可以应用自然补偿的原理。不同之处在于图 8-1 中管段 B-C 的长度是经计算得出，由设计者设定的。而图 8-2 中管段 B-C 的长度是由管网路由自然决定了的。关于 Z 形弯管热补偿的计算公式很多，计算结果接近。这里选择其中一个提供参考，公式如下：

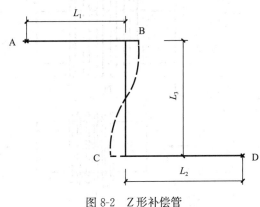

图 8-2　Z 形补偿管

$$\Delta L = \frac{\left(1 + 1.2\dfrac{L_1}{L_2}\right)[\sigma]_{\text{be}} L_3^2 10^6}{2.2 dE} \tag{8-3}$$

式中　$\Delta L$——管段 $L_1$ 和管段 $L_2$ 的总伸长量，mm；

　　　$[\sigma]_{\text{be}}$——管道的弯曲许用应力，碳素钢取 96.11MPa；

　　　$L_3$——Z 形弯中间的管段长度，m；

$d$——管道外径，mm；

$E$——管道钢材的弹性模量，MPa。

对于热网可能达到的温度，和热网常用的各种牌号碳素钢，弹性模量值大约在 $17 \times 10^4\,$MPa$\sim20\times10^4\,$MPa 之间。

式 (8-3) 中管段 $L_1 < L_2$。根据式 (8-3) 的计算结果，$\Delta L$ 稍大于管段 $L_1$ 和 $L_2$ 热伸长量即可。

无论是管线中的折弯还是 Z 形弯，在热网中都是较少见的。因此想完全依靠弯管和 Z 形弯管解决热网的管道热补偿的可能性较小。对于具有一定规模的热网，在管网中设置专用的热补偿器是常见方法。

### 3. π 形弯管补偿器

π 形补偿器也称为方形补偿器，根据管网中弯管具有热补偿能力的原理，在管线需要补偿又没有弯管的地方，人为制造弯管，实现管线热补偿。用无缝钢管煨成连续 4 个 90°弯，形成 π 形弯管补偿器。为了方便运输也可以用 4 个无缝弯头加 5 段短管拼接成 π 形弯管。早期热网广泛应用 π 形弯管进行热补偿。π 形弯管补偿器可靠，不需维护，与管网同寿命、取材方便。小型热网中常采用。π 形弯管补偿器的补偿能力可通过查阅相关表格数据获得，也有专门的线算图可供参考。至今在热网中仍有应用，尤其是在工业管道设计中。

### 4. 金属波纹管补偿器

金属波纹管补偿器比 π 形弯管补偿器问世要晚得多。我国到 20 世纪 80 年代才开始广泛使用。金属波纹管是用强度高，弹性好，耐腐蚀的不锈钢薄板卷成圆筒，然后通过碾压

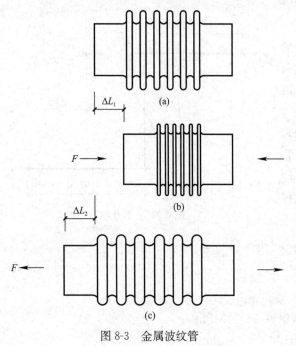

图 8-3　金属波纹管

或用液压使圆筒变成波纹状。热网中使用的波纹管道常采用 316L 不锈钢制作。波纹管的形状使其变得柔软，从轴向对其施加压力，波纹管可缩短。相反，波纹管受拉可伸长。如图 8-3 所示，图 8-3 (a) 是未受到外力作用的波纹管。波纹管在轴向呈自然松弛状态。图 8-3 (b) 波纹管轴向受到推力 $F$ 作用，波纹被压得紧凑。图 8-3 (c) 波纹管受到轴向拉力 $F$ 作用，波纹管被拉开。由此可实现对热网管道因温度变化引起管道长度改变予以补偿。图 8-3 所示波纹管承受轴向作用力，波纹管的尺寸在轴向发生变化，或伸长或缩短。这种补偿器称为轴向型波纹补偿器。轴向型波纹补偿器又可分为两种类型。一种热网介质在径向

由里向外对波纹管施加压力，称为内压轴向型波纹补偿器。另一种是热网介质在径向由外向里对波纹管施加压力，称为外压轴向型波纹补偿器。外压轴向型波纹补偿器波纹管外围有钢板外套。与内压轴向型波纹补偿器相比，前者更安全牢固。在直埋敷设热力管网中多采用外压轴向型波纹补偿器。

波纹补偿器的"波数"越多，补偿器的补偿能力越强。相对于钢管，波纹管刚度低，能通过自身变形吸收热网管道伸缩引起的长度变量。其中的指标是杆件的长细比。杆件的长细比超过了某个量值，轴向受压的杆件受到轻微的法向力的扰动，杆件立即弯曲变形。金属波纹管与之相同，过多的"波数"容易使波纹管失稳。由于这个原因，金属波纹管补偿器的"波数"都有限制。因此，波纹补偿器的补偿能力有限。每个补偿器的补偿量为100~200mm。基于同样的理由，金属波纹管补偿器不可串联使用。

金属波纹管补偿器的波纹管弹性要好，柔性要强。制作波纹管的金属板越薄，波纹管弹性、柔性才越好。然而热力管网中是有压介质。介质压力通常在1~2MPa，甚至可能高到4MPa。承压管道对壁厚是有要求的。介质压力越大管壁要越厚。这与波纹补偿器的金属波纹管管壁越薄柔性越好的要求是相悖的。到目前为止，波纹管补偿器安全压力上限定为2.5MPa。同时为了充分发掘波纹管的潜力，金属波纹管补偿器设置了4个压力等级。分别为0.6MPa、1.0MPa、1.6MPa和2.5MPa。根据管网管线可能达到的最高压力，分别选择相应档次的补偿器完全可以保证管网中的补偿器安全正常工作。有一种设计方法，即设置波纹管补偿器时，提高一个压力等级。通过这种方法提高管网安全性能，适得其反，不可取。

轴向型波纹管补偿器的波纹管在轴向拉伸或压缩变形，实现对热力管道的补偿。与此不同，金属波纹管还可以沿波纹管轴线弯曲变形，改变管道中心线的角度，实现对热网管道的热补偿。如图8-4所示，图8-4（a）处于无弯转变形的中间状态。图8-4（b）波纹管的中心线发生了弯曲。与波纹管相连接的管道在管道所在平面内发生弯转。这种方法也可以实现热力管道热补偿。属于这种补偿器的有横向大拉杆金属波纹管补偿器、角向型金属波纹管补偿器。

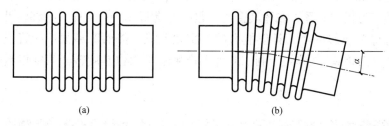

$$（a）\qquad\qquad\qquad（b）$$

图8-4 波纹管弯曲变形

### 5. 套筒补偿器

套筒补偿器是在金属波纹管补偿器出现以前，在热网中广泛应用的一种补偿器。如图8-5所示是轴向套筒补偿器构造示意图。在套管与芯管之间嵌入若干密封条。芯管相对套管沿管道轴线可前后移动。密封条镶嵌在套管上，可阻止管中介质泄漏。

### 6. 旋转套筒补偿器

和套筒补偿器结构相似的旋转套筒补偿器当下得到广泛应用。

图 8-6 给出旋转套筒补偿器空间示意图，由图 8-6 可知，旋转套筒补偿器成对组成，也可以三个一组，或四个一组。

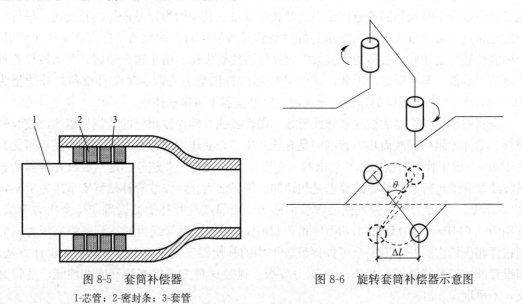

图 8-5　套筒补偿器
1-芯管；2-密封条；3-套管

图 8-6　旋转套筒补偿器示意图

旋转套筒补偿器工作时，两个套筒之间的短臂以短臂中心点为轴心廻转一个 $\theta$ 角，实现吸收管线热位移的功能。同样作为套筒，旋转套筒中密封条与套筒相对位移的长度比轴向套筒补偿器套筒与密封条的相对位移长度要小得多。还有一点，旋转套筒中密封条与套筒相对运动的方向与密封条纵向保持一致。而轴向套筒补偿器的套筒与密封条相对位移是沿密封条横向。两点差异使得旋转补偿器的可靠性大为提高。几乎不需要维护。旋转套筒补偿器中的廻转角 $\theta$ 不宜大于 30°，但中间廻转壁的长度并无严格限制。廻转臂越长，补偿能力就越强，为正比关系。在蒸汽管网工程中通常每 200m 设置一组旋转补偿器，而波纹补偿器通常每 50m 设一个。补偿能力的差别很明显。然而距离很短的管段用旋转套筒补偿器，即"牛刀杀鸡"，弊大于利。此外不产生盲板力也是旋转套筒补偿器受欢迎的原因之一。

## 8.3　热网补偿器选择配置

上一节介绍了热力管网常用的补偿器。除了所介绍的类型，可用于管道热补偿的补偿器种类还很多。并非各种补偿器都适用于热力管网。热力管道敷设方式有户外架空，也有地下直埋，还有敷设在管廊和管沟中的。热力管网不同于工业管道的特征还在于管径大，管线长。同为热力管网也有规模大小的差别。即使同一热网不同区段管线所处的工况也不相同。在热力管网中，补偿器出现事故的概率在热网中较高。因此，研究热网特性和各种补偿器特性，合理地组合搭配是保障热力管网经济、高效、安全运行至关重要的一件事。根据各种补偿器的特点和使用要求，性能比较见表 8-1。

几种常用补偿器性能比较　　　　　　　　　　　　表 8-1

| 性能 | 旋转套筒补偿器 | π 形补偿器 | 轴向波纹补偿器 | 轴向套筒补偿器 |
|---|---|---|---|---|
| 可靠性 | 较高 | 高 | 一般 | 一般 |
| 使用寿命 | 较长 | 长 | 有限 | 较长 |
| 补偿能力 | 很强 | 一般 | 一般 | 一般 |
| 流动阻力 | 很大 | 很大 | 很小 | 很小 |
| 附加散热 | 有 | 有 | 无 | 无 |
| 维护工作量 | 少 | 无 | 无 | 多 |
| 耐受汽水冲击能力 | 一般 | 强 | 很差 | 较强 |
| 疲劳破坏 | 无 | 无 | 有 | 无 |
| 泄漏 | 很少可能 | 无 | 无 | 容易发生 |
| 占用空间 | 很大 | 较大 | 小 | 小 |
| 户外使用 | 适宜 | 适宜 | 适宜 | 适宜 |
| 管廊使用 | 不可 | 不可 | 可 | 可 |
| 直埋敷设 | 不可 | 尚可 | 可 | 不宜 |
| 安装使用要求 | 较低 | 低 | 高 | 低 |
| 是否需配置疏水系统 | 需要 | 不要（平装）<br>需要（竖装） | 不要 | 不要 |
| 盲板力 | 无 | 无 | 有 | 有 |
| 腐蚀 | 不敏感 | 不敏感 | 敏感 | 不敏感 |
| 耐受压等级 | 较高 | 高 | 低 | 较低 |

热网补偿器选型不当、使用不当引起的事故很多。下面列出一些典型案例供初学者参考。

旋转套筒补偿器是当下非常受欢迎的补偿器，可靠性很高。但由于结构上的原因，使管网中介质流动方向反复变化，消耗大量资用压头。与配置波纹补偿器相比，前者几乎可使热网阻力翻倍。某热网因路由复杂多变，但选择了配置旋补。有很多补偿管段（20～40m）也都配置了旋转套筒补偿器。热网高峰负荷时，远端用户压力较低。

旋转套筒补偿器必须与疏水系统一起设置。不宜在饱和蒸汽管网中应用。某地蒸汽管网使用饱和蒸汽。热网建成后吹扫时，暖管时间不充分，导致严重汽水冲击。使补偿器本体同补偿器的钢制保温外套一起从管网中挣脱。

某地大学城一条通向食堂的管线，末端配置了轴向型金属波纹管补偿器。管网使用饱和蒸汽。食堂每日 4 餐，阀门频繁启闭。使用一年，补偿器波纹管疲劳开裂。改成 π 形弯管补偿后管线从此正常使用。

某地新建热网吹扫后投产第一天，某支线波纹补偿器爆裂。更换新补偿器后，启动热网，更换的补偿器当即再次爆裂。经检查，管线长 100m，设置两个波纹补偿器。管段未配制疏水装置。一支补偿器设置在管线终端。管线在终端提升 4m 高度后进入用户厂内。用户白天用蒸汽，夜间不用蒸汽。事故原因为汽水冲击使波纹管爆裂。改成自然补偿后管线再未发生问题。

某地热网 2km 管线通往唯一用户。设计者为管线配置了若干压力平衡型波纹补偿器，目的是想避免产生盲板力。由于只有一个用户，管线中蒸汽时不时变为饱和态。管线不可能在每个补偿器前配疏水阀。结果很多补偿管段都积存冷凝水。只不过每个补偿管段长度只有 40～50m，积水有限。有积水就必然发生汽水冲击。积水少，汽水冲击强度不大。结果管线上多数波纹管补偿器虽未破裂，但波纹管发生扭曲变形，即失稳。此案例说明压力平衡型波纹补偿器不适宜在蒸汽管网中应用。

另一蒸汽管网，管线在城中，主要为直埋敷设管道。因管道保温层进水，玻璃棉毡变形变质，热损失过高。管线多数处于饱和状态。管网配置金属波纹管外压轴向型补偿器。每年都大量更换破损补偿器。

该地区另一个热网，采用直埋敷设。配波纹管补偿器。管线维修结束后，暖管过程，操作失当（过急）。补偿器遭汽水冲击后断裂。

某热网用横向大拉杆波纹补偿器竖向布置，遭水平管线中冷凝水的汽水冲击，波纹管破裂。竖向布置横向大拉杆时，大拉杆补偿器下方迎蒸汽流一侧必须设疏水系统或排水管及阀门。

某地热网一条线路昼夜负荷大起大落。管线投运 10 年后，该管线上配置的波纹管补偿器连续开裂。直至全部报废。该管线从热源厂引出，蒸汽温度为 300℃。此案例系低频高幅疲劳破坏的典型案例。

某地热网管线建成吹扫。发现蒸汽管道异常移位。检查后发现管线内固定节已损坏，且该管段的波纹补偿器未解锁。因缺少完整的施工检查（针对隐蔽工程环节）记录。被迫将管线中十几个埋在地下的补偿器全部打开重新检验。严重影响了工程进度。

某地直埋蒸汽管道工程，有一个波纹补偿器未解锁。送蒸汽后蒸汽管道被"撕裂"，引起蒸汽外泄。蒸汽沿保温夹层窜流，波及范围为 1km。使地上树和草枯死。致该管线报废。

某管线施工时误将水注入保温夹层中，致管线保温功能被破坏。运行热损失较高，管中冷凝水量大。该管线白天送汽，夜间关闭。每天早晨启动时都发生明显汽水冲击。但该管线采用 π 形弯管作管线补偿器。一个供暖季每天重复发生水击现象，管线并未发生破裂。

相同案例还有。10km 直埋管线，投产 4 年后负荷仍未到设计指标。末端支线采用 π 形弯管补偿，从未发生任何蒸汽管道破裂事故。因地下空间限制，π 形弯管倾斜布置，虽不利于排除冷凝水，但已运行 15 年，未发生意外。

## 8.4 热力管道无补偿敷设

由上一节的讨论可知，热力管道补偿是一项很复杂的技术，风险也高。在蒸汽管网运行中补偿器主要因汽水冲击产生破裂。汽水冲击发生在饱和管段。蒸汽管网主干线温度高，极少会饱和。经常处于饱和状态的管线都集中在热网下游。这些区域的管线，蒸汽压力多在 1.0MPa 以下。蒸汽温度也多在 200℃ 以下。采用自然补偿方法或设置 π 形弯管可以减少或避免补偿器损坏。但占据空间较大，且增加热网阻力，增加散热面积。如果不使用补偿器，将回避风险。

《城镇直埋供热管道工程技术规程》CJJ/T 81—2013 根据热水供暖管道工程需要编制了无补偿敷设热力管技术规程。规程中给出了管道在不设补偿器时管道发生屈服的临界温差公式

$$\Delta t_y = (\alpha E)^{-1}[n\sigma_s - (1-\nu)\sigma_t] \tag{8-4}$$

式中　$\Delta t_y$——临界屈服温差，℃；

$\alpha$——钢管钢材线膨胀系数，$m/(m \cdot ℃)$；

$E$——钢管钢材的弹性模量，MPa；

$\sigma_s$——钢管钢材在工作温度下屈服极限低位值，MPa；

$n$——钢管钢材屈服极限增强系数，取 1.3；

$\nu$——钢管钢材的泊松系数，取 0.3；

$\sigma_t$——管中蒸汽压力引起钢管环向应力，MPa。

$$\sigma_t = \frac{P_d d_i}{2\delta}$$

式中　$P_d$——钢管中蒸汽压力，MPa；

$d_i$——钢管内径，m；

$\delta$——钢管壁厚，m。

蒸汽管网从安装状态转弯为运行状态，钢管在温差作用下，管道要伸长。若管道轴向受"约束"且"约束"的力度足够强劲，受热的钢管不能伸长。同时，投入运行的蒸汽管网的管道内充满有压蒸汽，管中蒸汽压力大于外界压力，使管径扩大，同时将使管道轴向收缩。

第 6 章讨论强度理论时已提出，钢材具有弹性，还具有塑性。钢材发生一次塑性变形并不影响钢材强度，钢材仍保持原来的机械性能。如果钢材反复屈服变形，钢材将发生疲劳破坏。还提到热应力属于二次应力，二次应力具有自限性，通过材料屈服使应力不再继续增长。一次应力则不是。钢管内蒸汽压力引起钢管产生的应力属于一次应力。一次应力不可以超过材料所在温度下的许用应力。对于二次应力、热网管道的热应力，则允许超过许用应力。这里对温度节点作一下界定：

$t_0$——热网安装温度，如果没有特别指定，安装温度取 20℃；

$t_1$——热网运行可能达到的最低温度（热水供暖管道冬季运行，春、夏、秋季停运。在停运期间环境最低温度就是钢管运行最低温度，常年运行的蒸汽管网，只是短暂检修期间停止运行，地下土壤有很强的蓄热能力，短期内土壤温度不会低于 30℃）；

$t_2$——中间温度，中间温度钢管应力等于零；

$t_3$——热网运行可能达到的最高温度。

前面提到的热网屈服温差：

$$\Delta t_y = t_y - t_0$$

这里温度 $t_y$ 既不是 $t_2$，也不是 $t_3$。$t_y$ 是热网由安装状态初次转成运行状态过程中，管道由弹性变形状态进入塑性变形状态的转折温度。如果 $t_3 < t_y$，管道达不到屈服状态。管道始终在弹性状态区间。若 $t_y < t_3$，则管道在温度超过 $t_y$ 后发生屈服。由于蒸汽压力引

起的环向应力影响管道轴向应力。而管道中蒸汽压力并不保持恒定。热力管网是否可以采用无补偿方式，《城镇直埋供热管道工程技术规程》CJJ/T 81—2013 中描述了相关规定。由温差引起的热应力（二次应力）和管中蒸汽压力引起的环向应力（一次应力）在轴向的分应力综合作用形成的当量应力变化范围应满足下列公式的条件：

$$\sigma_j = \alpha E(t_3 - t_1) + (1 - v)\sigma_t \leqslant 3[\sigma]$$

式中　$\sigma_j$——钢管受到的热应力和蒸汽压力在管道轴向引起的应力综合作用的当量应力变化范围。

如果满足上述条件，热水供暖管道、蒸汽输送管道都可以无补偿直埋敷设。出于安全考虑，上式中的许用应力 $[\sigma]$ 取介质最高温度下的钢材许用应力。

下面通过例 8-1 了解热网无补偿敷设方法的应用。

**例 8-1**　蒸汽管道规格为 $\phi219 \times 6$。蒸汽压力 0.4MPa（表压）。钢管管材为 20 号钢。计算钢管屈服温差。

**解**：查 20 号钢屈服极限下限可知 $\sigma_s = 245$MPa

蒸汽压力引起的环向应力 $\sigma_t = \dfrac{P_d d_i}{2\delta}$

$$= \frac{0.4 \times 207}{2 \times 6}$$

$$= 6.9\text{MPa}$$

各种温度下 20 号钢线膨胀系数 $\alpha$ 和弹性模量 $E$ 的乘积差别不大。本例暂取 150℃时 20 号钢的 $\alpha$、$E$ 值。分别为 $\alpha = 0.119 \times 10^{-4}$m/(m·℃) 和 $E = 19.4 \times 10^4$MPa。管道的屈服温差为：

$$\Delta t_y = (\alpha E)^{-1}[n\sigma_s - (1 - v)\sigma_t]$$

$$= (0.119 \times 10^{-4} \times 19.4 \times 10^4)^{-1} \times [1.3 \times 245 - (1 - 0.3) \times 6.9]$$

$$= 135.9℃$$

如果热网管道安装时环境温度为 20℃，热网管道升温过程中，在不安排补偿的状况下，介质温度达到 155.9℃时，钢管开始屈服。

该管线在什么情况下可以采用无补偿敷设技术？通过例 8-2 来叙述。

**例 8-2**　管道规格为 $\phi219 \times 6$，管中蒸汽压力 0.4MPa（表压），根据当量应力变化范围的限定条件，本例分别选 Q235B、20 号、20G、25MnG 和 15CrMoG 几种牌号钢材。20～250℃温度下相关数据见表。本例 $\sigma_t$ 同上例，$\sigma_t = 20.7$MPa。泊松系数 $v = 0.3$。屈服应力增强系数 $n = 1.3$。热应力 $\sigma_1 = \alpha E(t_3 - t_1)$。蒸汽压力产生的环向应力在轴向的影响 $\sigma_z = (1 - v)\sigma_t$。本例 $\sigma_z = 4.83$MPa。循环最低温度取 $t_1 = 30℃$。计算结果见表 8-2。

热网管道常用钢材在各种温度下的应力　　　　表 8-2

| 参数 | 热应力 $\sigma_s$ (MPa) | 许用应力 $[\sigma]$ (MPa) | | | | | |
|---|---|---|---|---|---|---|---|
| 温度（℃） | — | 100 | 150 | 180 | 200 | 220 | 250 |
| Q235B | 235 | — | 127△ | 120 | 116 | 111 | 104 |
| 20 | 245 | — | 136△ | 129△ | 125 | 120 | 113 |
| 20G | 245 | — | 152 | 147 | 143△ | 138 | 131 |

续表

| 参数 | 热应力 $\sigma_s$ (MPa) | 许用应力 $[\sigma]$ (MPa) | | | | | |
|---|---|---|---|---|---|---|---|
| 温度（℃） | — | 100 | 150 | 180 | 200 | 220 | 250 |
| 25MnG | 275 | — | 163 | 160 | 158 | 155△ | 151 |
| 15CrMoG | 295 | — | 163 | 163 | 163 | 163△ | 163 |
| $E$ ($10^4$MPa) | — | — | 19.4 | 19.2 | 19.1 | 19.0 | 18.8 |
| $\alpha$ [$10^{-4}$m/(m·℃)] | — | — | 0.1190 | 0.1210 | 0.1224 | 0.1238 | 0.1258 |
| $\sigma_1$ (MPa) | — | — | 277 | 348 | 397 | 447 | 520 |
| $\sigma_z$ (MPa) | 4.83 | | | | | | |
| $\frac{(\sigma_1+\sigma_z)}{3}$ (MPa) | — | — | 93.94 | 117.61 | 133.94 | 150.61 | 174.94 |

本例所选钢材都是低碳钢或与低碳钢性质相近的低合金钢，假设所取各钢材 $E$、$\alpha$ 乘积都相近，或相同。则对应某一温度的热应力 $\sigma_1$ 都相同。对应各级温度的热应力和蒸汽压力引起的轴向应力的合成应力列在表 8-2 中最后一行。表 8-2 中间部位是各级温度下，各钢材的许用应力 $[\sigma]^t$。当 $\frac{\sigma_1+\sigma_z}{3} < [\sigma]^t$ 成立时，管网不设补偿器也是安全的。

从表 8-2 所列数据可知，标"△"的数据都可以满足无补偿要求的条件。例如蒸汽 180℃时 20 号钢许用应力 $[\sigma]^t$ 等于 129MPa。180℃下 $\frac{(\sigma_1+\sigma_z)}{3}$ 等于 120.83MPa，小于许用应力 $[\sigma]^t$。表明无补偿也是安全的。当蒸汽温度达到 250° 以上，表中所有钢材都不能满足安全保障。

根据例 8-1 计算结果，本例两倍屈服温差 $2\Delta t_y$ 为 271.7℃。本例蒸汽温度上限为 220℃，温度下限为 30℃，循环温差 $\Delta t$ 为 190℃，距离 263℃ 还有差距。不会发生反复屈服变形。

从例 8-2 的演算结果可知，不仅 150℃ 以下的热水管网可以采用无补偿敷设技术，压力较低，温度也较低的蒸汽管网下游管道，也可以采用无补偿技术。

## 8.5 蒸汽管网部分无补偿

蒸汽管网大部分情况下无法像供暖热水管网一样采用无补偿敷设方法。例如一条规格为 $\phi630\times8$ 的蒸汽管道，压力 1.6MPa，温度 300℃。按管道屈服条件公式计算，以 20℃ 安装温度起算，到 136.5℃ 管道就可能发生屈服变形。到 253℃ 就达到两倍屈服线边界。如果无补偿，管网每次启动到停运检修，都重复一次拉伸变形和压缩变形。重复几次后管道将发生疲劳破坏。这是不允许的。但蒸汽管网的负荷每时每刻都在变化。大多数蒸汽管网每天负荷发生一次较大的波动。波纹补偿器目前是直埋蒸汽管线上唯一使用的补偿设备。管线负荷变化，意味着补偿器频繁地伸缩。波纹补偿器的使用寿命不是以时间标定的。波纹伸缩次数（达到标定的伸缩幅度，或多个小幅伸缩折合成标定伸缩幅度为一次）决定补偿器寿命。200 次、1000 次、2000 次是波纹补偿器寿命三个指标。当热网上的补偿器工作次数达到产品给定的伸缩次数后，补偿器随时可能开裂。问题在于热网中无法检测补偿器已经伸缩了多少次。

分析热网补偿器的工作可以发现，波纹管完成一个标准伸缩是从管网安装温度起，到热网运行最高温度止，且波纹补偿器是按满负荷工作配置。但补偿器在热网运行期间不可能回到安装温度时的状态。波纹管频繁波动，其活动范围并不大。例如安装温度20℃，运行最高温度300℃，管线中蒸汽温度每天可能仅在270～300℃区间变化。可见蒸汽管网上的补偿器工作方式是小幅"高频"（不是振动那么高频率）。

我们已经知道热网管道材料具有很好的弹性。以20号钢为例，其屈服极限低位值为245MPa。材料因加工硬化，屈服极限可能被提升到320MPa。30℃温度波动在钢管中引起的应力变化量大约为71MPa，距离屈服点320MPa还有差距。钢管相对于波纹管要坚固得多。波纹管只需完成从安装温度到转换温度的动作。从转换温度到最高温度的负荷由蒸汽管道来分担。

图8-7是蒸汽管网部分补偿方法的示意图。在波纹补偿器前蒸汽管道上和外套钢管上分别装有限位板。限位板之间距离$\Delta L_1$，$\Delta L_1$比该管段全额计算位移量$\Delta L$略短。热网从冷态升温时，轴向型波纹管收缩。在蒸汽钢管达到设定温度时，工作管限位板与外套钢管上限位板接触。当蒸汽钢管温度继续升高时，限位板阻止蒸汽钢管继续伸长。波纹管不再收缩，蒸汽钢管中产生压应力。蒸汽钢管在工作期间，温度在$t_s$和$t_{max}$之间波动。蒸汽钢管中轴向压应力时大时小。波纹管保持静止不动。根据判断的温度波动范围，设定限位温度。内外限位板之间的距离依据限位温度$t_s$设定。

$$\Delta L_1 = \alpha L (t_s - t_0) \tag{8-5}$$

式中　$\Delta L_1$——限位板间距，mm；

　　　$L$——热补偿管段长度，m；

　　　$\alpha$——钢管线膨胀系数，mm/(m·℃)；

　　　$t_s$——设定的限位温度，℃；

　　　$t_0$——安装温度，℃。

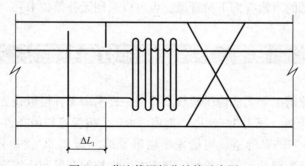

图8-7　蒸汽管网部分补偿示意图

采用补偿器限位方法可以从根本上杜绝金属波纹管疲劳破坏的隐患。直埋蒸汽管网的安全性得以提高。

上述限位方法还可以再扩展。一组限位板只限制了蒸汽管道伸长，利用了钢管承受压应力的能力。蒸汽钢管还可以承受拉应力。如果再加一对限位板还可以将波纹补偿器的补偿能力进一步提高。

如图 8-8 所示，在两个固定节之间的补偿管段中设有波纹补偿器、一次性补偿器和一组限位板。限位板包括内限位板，焊接在蒸汽钢管上。外限位板 1 和外限位板 2，焊接在外套钢管上。外限位板 1 在内限位板与波纹补偿器之间，相距 $\Delta L_1$。外限位板 2 在内限位板与一次性补偿器之间，外限位板 2 与内限位板贴靠在一起。管网第一次通蒸汽时，蒸汽钢管升温，管线伸长。当一次性补偿器左侧蒸汽管道热膨胀，钢管向右方伸长，伸长量达到 $\Delta L_2$ 时，一次性补偿器外壳轴向靠紧，此时施焊将一次性补偿器封闭。这个阶段使内限位板与外限位板 2 始终贴靠，波纹管保持拉伸状态。

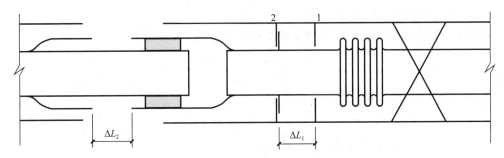

图 8-8　双向限位部分补偿示意图

在一次性补偿器封合之后，管道温度继续升高时，内限位板离开外限位板 2 向右移动，波纹管被压缩。待蒸汽钢管温度升到 $t_s$ 时，内限位板移动到外限位板 1 处。随后温度继续升高，蒸汽钢管受到限位板 1 阻挡不再伸长。波纹管尺寸也不再变化，直到蒸汽钢管温度升到最高值 $t_{max}$。

设蒸汽钢管从 $t_0$ 开始升温。钢管伸长，一次性补偿器刚合拢时钢管温度达到 $t_1$。在内限位板移到外限位板 1 位置时，钢管温度升到止点温度 $t_s$，定 $t_s$ 为 $t_2$。蒸汽钢管温度升到最高温度 $t_{max}$ 时，过程达到极点。此时温度定为 $t_3$。

从 $t_2$ 到 $t_3$，蒸汽钢管不能伸长。波纹管不再发生收缩变形。蒸汽钢管产生轴向压应力。钢管中轴向压应力主要是温度应力，同时还有蒸汽压力产生的环向应力在轴向的应力部分。

当蒸汽管网降温时，从 $t_3$ 降到 $t_2$。此阶段钢管释放压应力。从 $t_2$ 起温度再次下降，蒸汽钢管开始收缩。内限位板离开外限位板 1，向外限位板 2 靠拢。与此同时波纹管伸展。当内限位板贴靠到外限位板 2 上时，蒸汽钢管收缩过程终止。波纹管伸展过程结束。此时蒸汽钢管温度大约降到了 $t_1$。蒸汽钢管温度继续降低，外限位板 2 阻止蒸汽钢管进一步收缩，钢管中产生拉伸应力。直至温度降到了 $t_0'$。由于土壤有很强的蓄热性能。虽然此时管道中已经没有蒸汽流通，但钢管温度会在较长时间维持在 30℃ 左右。距安装温度 $t_0$ 存在一些差距。此时钢管中没有蒸汽压力产生的应力影响，只有温度引起的拉伸热应力。

部分补偿方法首要目的是避免波纹补偿器在高温区频繁伸缩导致疲劳破坏。次要目的是充分利用钢管承受弹性变形的能力，扩大波纹管可匹配的补偿管段长度。为实现这个目标，限位板要承受很大推力。因此没有必要把钢管的承压、承拉能力挖掘到极限。否则限位板的承载压力增大，产生新的风险。为此，可以设定：

$$t_1 - t_0 \leqslant \frac{\sigma_s}{(E\alpha)}$$

则 
$$\Delta L_2 = \alpha L(t_1 - t_0) \tag{8-6}$$

式中 $t_0$——热网冷态温度，℃；

$t_1$——次性补偿器合拢温度，℃；

$\sigma_s$——钢管屈服极限，MPa；

$E$——钢材弹性模量，MPa；

$\alpha$——钢材线膨胀系数，m/(m·℃)；

$L$——补偿段钢管长度，m；

$\Delta L_2$——一次性补偿器行程，m。

限位板 1 和限位板 2 的间距决定了波纹补偿器的最大工作行程。

$$\Delta L_1 = \alpha L(t_2 - t_1) \tag{8-7}$$

又令 
$$\Delta L_1 = a\Delta x$$

式中 $\Delta L_1$——限位板间距，m；

$t_2$——限位上限温度，℃；

$a$——波纹补偿器负荷系数，取 0.8；

$\Delta x$——补偿器波纹管额定伸缩量，m。

下面通过例 8-3 对部分补偿方法进行演示。

**例 8-3** 蒸汽管网蒸汽最高温度为 300℃。蒸汽管道材质是 20 号钢。选择金属波纹管外压轴向型补偿器进行热补偿。补偿器补偿能力为 200mm，采用部分无补偿方法。计算补偿管段长度。管网安装温度取 20℃。

**解：**

根据管网热补偿通常方法，取补偿器最大承载力的 80% 作为补偿管段的热伸长量，即：

$$\Delta L = 0.8\Delta x$$

得 
$$\Delta L = 0.8 \times 200$$
$$= 160 \text{mm}$$

根据式（8-1）：

$$\Delta L = \alpha L(t - t_0)$$

常规方法补偿器管段长度可以等于：

$$L = \frac{\Delta L}{[\alpha \times (t - t_0)]}$$
$$= \frac{160}{[0.0125 \times (300 - 20)]}$$
$$= 45.7 \text{m}$$

本例如果采用部分补偿方法。查资料得 20 号钢的屈服极限（低位值）等于 245MPa。100℃时：

$$\alpha = 11.53 \times 10^{-6} \text{m/(m·℃)}$$
$$E = 19.87 \times 10^4 \text{MPa}$$

从安装温度起算的第一温度区间为：

$$E\alpha(t_1 - t_0) \leqslant \sigma_s$$

得：

$$19.87 \times 10^4 \times 11.53 \times 10^{-6} \times (t_1 - 20) \leqslant 245$$

$$t_1 \leqslant 127℃$$

从最高蒸汽温度回落的第三温度区间为：

$$E\alpha(t_3 - t_2) \leqslant 0.8\sigma_s$$

240℃时 20 号钢：

$$\alpha = 12.51 \times 10^{-6} \, \text{m/(m} \cdot ℃)$$

$$E = 18.80 \times 10^4 \, \text{MPa}$$

得：

$$18.80 \times 10^4 \times 12.51 \times 10^{-6} \times (300 - t_2) \leqslant 0.8 \times 245$$

$$t_2 \geqslant 217℃$$

在求得节点温度 $t_1$ 和 $t_2$ 之后，根据补偿器的承载能力 $\Delta x$ 可以求得限位板间距 $\Delta L_1$，得

$$\Delta L_1 = 0.8\Delta x$$

$$= 0.8 \times 200$$

$$= 160 \text{mm}$$

又根据公式（8-6）知：

$$\Delta L_1 = \alpha L(t_2 - t_1)$$

可求出本次可设定的补偿管段长度 $L$。取 $t_1$ 和 $t_2$ 平均温度为 180℃，钢材的 $\alpha$ 为 $12.09 \times 10^{-6} \text{m/(m} \cdot ℃)$。代入上式得：

$$L = \frac{160}{\left[12.09 \times 10^{-3} \times (217 - 127)\right]}$$

$$= 147 \text{m}$$

最后求一次性补偿器开口距离 $\Delta L_2$：

$$\Delta L_2 = \alpha L(t_1 - t_0)$$

$$= 11.53 \times 10^{-3} \times 147 \times (127 - 20)$$

$$= 181 \text{mm}$$

从例题计算结果比较可知，热网温度没改变，波纹补偿器没有改变，只改变了方法。结果补偿能力从长 45.7m 的管段可拓展到 181m 长的管段，补偿能力增长到传统方法的 4 倍。

# 第 9 章

# 蒸汽管网检测与评定

## 9.1　蒸汽管网评定指标

蒸汽管网的任务是将热源厂集中生产的热能以蒸汽为载体输送到分布在一定区域的众多热量用户。蒸汽管网的另一项任务是节省能源，保护环境。热网本身是一个基础设施，热网的经营者是一个经济实体。保持高效率，从而获得良好的经济效益，也是热网应该实现的目标。因此，对热网进行评价，尤其是对准备筹划建设的热网进行预评价是十分重要的事情。下列诸项是评价蒸汽管网涉及的重要参数，分别是管网（线）的比压降、比温降、量长比、终端压力变化幅度、终端温度变化幅度、热网的质量管损、热网管道的散热强度和管网的热效率。

### 1. 管道散热强度和附加热损失系数

蒸汽管道中介质温度远远高于环境温度，蒸汽管网中管道、管件在管网运行期间向周围环境散热是必然要发生的过程。热网管道的基本任务是输送热能，而且过程是没有间歇，连续不断地进行的。因此，管道散热对于热网是"头等大事"。就经济发展而言，热力设备及其配管先于蒸汽管网问世。迄今为止很多关于管道散热和管道保温的规定、指标大多不是为热网制定的。例如设备和管道表面温度应不超过 50℃。这个指标是为避免造成人员烫伤。设备尤其是设备上的管道是工业系统中的配置，管道是"附属配置"。只要能保障系统正常运行，不发生事故，热量散失问题并不十分重要。所以常见的各种指标多是最高表面温度的限制，最大允许散热强度，并进而给出管道最小保温厚度计算方法等。热力管网问世时间远远比热力设备晚。关于蒸汽管网的考评指标沿用早年热力设备及管道的指标是可以理解的。但是对于热力管网，管道是主体而不是"附属配置"。管道散热对于热网不是小事，是"头等大事"。对于热网管道散热的考核要求不应当是"最小保温厚度下的最大散热量"不得超限。恰恰相反，应该是在经济技术比较属于合理范畴情况下允许达到的最大保温厚度下的最小散热强度。并依据管道可以达到的最好的保温效果来设定蒸汽管网入口的蒸汽温度，即最小热网入口蒸汽温度。当热网入口蒸汽温度取值较低，热网管道散热量降低。规定热网入口蒸汽温度为 300℃，并以此进行热网热力计算的思维逻辑在蒸汽管网中是不适合的。

表 9-1 给出各种口径管道保温层厚度。

热网管线散热包括管道基本散热和附加散热两部分。蒸汽管线散热用下式表示：

$$Q = q(1 + \alpha)L \tag{9-1}$$

蒸汽管网管道保温层厚度　　　　　　　表 9-1

| 管道规格 | 保温层厚度（mm） | 管道规格 | 保温层厚度（mm） |
| --- | --- | --- | --- |
| DN100 | 120～150 | DN400 | 200～250 |
| DN125 | 130～160 | DN450 | 210～260 |
| DN150 | 150～170 | DN500 | 230～290 |
| DN200 | 160～200 | DN600 | 240～300 |
| DN250 | 160～210 | DN700 | 250～320 |
| DN300 | 180～230 | DN800 | 260～330 |
| DN350 | 190～250 | DN900 | 280～350 |
| — | — | DN1000 | 300～380 |

公式中的 $\alpha$ 是管道附加散热系数，在第 4 章已进行过描述。在热力管网设计规范中规定 $\alpha$ 值取 0.1～0.2。但是在现实蒸汽管网中附加散热系数 $\alpha$ 大于 0.2 以及远大于 0.2 的案例较多。$\alpha$ 值偏高往往使管网冷凝水量升高，进一步增加管网热量流失。控制管网附加散热可谓任重道远。

**2. 质量管损**

蒸汽管网产生冷凝水，并通过疏水系统将冷凝水排到管网系统之外，使得到达用户的蒸汽量比热网从汽源厂取得的蒸汽量要少。管网因此出现质量管损。管线上的阀门不严密，还可能存在不严密的盲板、泄漏蒸汽的套筒补偿器等，也会增加管网的质量管损。蒸汽管网上一部分用户间歇用蒸汽是管网产生冷凝水的重要原因。管网中设置联通管尤其是环状管网也是产生冷凝水的重要原因。但管网存在质量管损的主要原因还是管道保温状况不佳，以及管网流量不高而管线长度却较长，即量长比偏低。

目前蒸汽管网的质量管损 $\gamma_o$ 不超过 5% 是被业内认可的不成文的指标，而管损超过 5% 的热网随处可见。应该指出这种不成文的指标并不合理。蒸汽管网的质量管损应当定为零。通过精心设计，精心管理，保温管道产品精心制造，以及开发新技术，管损为零的目标并非不可达到。

**3. 量长比**

蒸汽管网管线中的蒸汽流量和自管线起点至下游各终点总计管线长度之比称为管线的量长比。

关系式为
$$C_{GL} = \frac{G}{L}$$

运行中的管网的管道每时每刻不停地散热。管道散失的热量来自于管中的蒸汽。管道散热并不因为管中蒸汽停止流动而终止。这一点与冷热水管网有重大区别。相应地，管中流过的蒸汽量多，分摊到每单位数量蒸汽流失的热量就越少。相反，管中蒸汽流量小，则每单位数量蒸汽分担的热损失就大。停止流动的蒸汽分担的管道散热量达到最大值。流动的蒸汽在管道中前行沿程散热。管线越长，管中蒸汽流失的热量越多，蒸汽品质降得越低。当管中蒸汽流量越大时，则可冲淡管线距离长对蒸汽品质的影响。因此量长比是评价管网优劣的一项重要指标。管线量长比越大，管网效益可以越高。因此可知，长距离蒸汽管网不提倡，只可"不得已而为之"。

### 4. 比压降

在蒸汽热力管网中蒸汽压力是重要参数。管网按压力不同，划分成中压管道、低压管道。管网中一些配置因蒸汽压力不同，等级也相应不同，如金属波纹管补偿器。热网管道的壁厚由蒸汽压力决定。对热网建设投资有明显影响。尤为重要的，大多数蒸汽管网属于热电联产系统的一个组成部分。热网总入口蒸汽压力决定了汽轮机出口蒸汽压力。汽轮机出口压力越低，汽轮机热效率越高。即抬高热网入口压力将使汽轮机热效率降低。热网总入口的压力等于热网总压降加上用户蒸汽压力。因此，随意提高用户设计压力是很不利的。

在保障用户端压力维持在合格的最低限度前提下，控制管网压力损失就显得十分重要。这个参数就是热网管线的比压降 $C_{\Delta p}$：

$$C_{\Delta p} = \frac{\Delta P}{L}$$

$C_{\Delta p}$ 单位是 MPa/km。对管网的总压降起决定作用的是热网干线管道。可将 $DN450$ 及以上口径的管道列入干线管道。在管网蒸汽流量等于设计流量时，干线管道各管线的 $\Delta P/L$ 值应在 $0.025 \sim 0.1$MPa/km。管径越大，其值应越小。热网管线干线区段综合比压降应不超过 $0.03$MPa/km。

对于管径小于 $DN450$ 的管线在热网中数量众多，分布较广，可用的压差资源差异较大。对于分布在最远最长管线上的管段，仍然应优先满足沿程压降的要求，控制热网总压降。而处于压差资源较好的地区段的小口径管线，可充分利用资用压差，不必受限于前述管线比压降指标的限制。

个别蒸汽管网，如规模较小的使用燃气、生物质燃料或工业余热，系统中不设汽轮发电机组。这种热网应充分利用锅炉可用蒸汽最高压力。控制比压降值就没有意义了。

关于蒸汽管网的比压降 $\Delta P/L$，由式（5-11）可知蒸汽在管道中压降为：

$$\Delta P = \frac{0.000818L(1+\beta)G^2 \times 10^{-6}}{\rho d^{5.25}}$$

变化一下，且将公式中管线长度 $L$ 的单位由 m 换成 km 得：

$$\frac{\Delta P}{L} = \frac{0.000818L(1+\beta)G^2 \times 10^{-3}}{\rho d^{5.25}}$$

令

$$C_{\Delta p} = \frac{\Delta P}{L}$$

又由式（5-9）管中蒸汽流量：

$$G = 0.9\pi d^2 \rho v$$

代入前式，整理得：

$$C_{\Delta p} = \frac{6.539 \times 10^{-6}(1+\beta)\rho v^2}{d^{1.25}} \tag{9-2}$$

在大口径管道中蒸汽流速通常比小口径管道中蒸汽流速要高，但差别并不很大。蒸汽的密度 $\rho$ 取决于蒸汽的压力以及温度。压力越高，蒸汽密度越大。温度越高蒸汽密度越低。相比之下，压力对蒸汽密度的影响稍大，表 9-2 列出不同压力和温度下水蒸气的密度。

**热网常用水蒸气密度**　　　　　　　　　　　　表 9-2

| 压力（MPa） | 温度（℃） | | | | | | |
|---|---|---|---|---|---|---|---|
| | 300 | 280 | 260 | 240 | 220 | 200 | 180 |
| 2.00 | 7.97 | 8.33 | 8.74 | 9.22 | 9.78 | — | — |
| 1.75 | 6.90 | 7.23 | 7.57 | 7.96 | 8.42 | — | — |
| 1.50 | 5.89 | 6.14 | 6.43 | 6.74 | 7.11 | 7.55 | — |
| 1.25 | 4.88 | 5.08 | 5.30 | 5.56 | 5.84 | 6.17 | — |
| 1.00 | 3.88 | 4.03 | 4.20 | 4.39 | 4.61 | 4.85 | 5.15 |
| 0.80 | — | — | — | 3.49 | 3.65 | 3.83 | 4.05 |

多数情况下大口径管中蒸汽压力高，温度也高。小口径管道中蒸汽压力往往较低，温度也较低。在压力为 1.6MPa 及以下的管网中，大小口径管道中蒸汽的密度之差不超过 1 倍。

关于蒸汽流速，热网中大小口径管道中蒸汽容许最高流速只有微小差别。对管线比压降不构成大的影响。对管线比压降影响大的仍然是管径，且公式中管径 $d$ 上方还有个指数。以 $\phi630 \times 10$ 和 $\phi159 \times 6$ 两个规格管道为例：

$$0.61^{1.25} = 0.539$$
$$0.147^{1.25} = 0.091$$

两者之比约等于 6∶1。由此可知，管径越大，其中蒸汽比压降越小，管径越小，其中蒸汽比压降越大。

进一步分析式（9-2）可以发现，尽管热网中蒸汽流量 $G$ 由用户来决定，是无法选择的。但式（9-2）等号右边的参数 $d$、$v$、$\rho$ 和 $\beta$ 等都是可以选择的。在确定的蒸汽流量 $G$ 这一前提下，管径 $d$ 加大，蒸汽流速 $v$ 就下降。管径 $d$ 和蒸汽流速 $v$ 变化对比压降 $C_{\Delta p}$ 的影响是一致的，并呈指数关系产生影响。热网用户端压力 $P_e$ 维持恒定，管网入口蒸汽压力 $P_0$ 因压降 $\Delta P$ 减少，$P_0$ 须下调，结果使管段的平均压力 $P_m$ 下降。$P_m$ 下降使蒸汽密度 $\rho$ 下降。蒸汽密度 $\rho$ 下降进一步促进 $\Delta P$ 下降。

除了公式中的 $d$、$v$ 和 $\rho$ 之外，式（9-2）中还有一个参数 $\beta$，是管线中管件引起的局部阻力当量长度系数。管网中的管件如三通、弯头等不可不设置，但不同结构的管件对蒸汽流动形成的阻力却是不一样的。例如大曲率半径的弯头引起蒸汽流动的阻力比曲率半径小的弯头引起蒸汽流动产生的阻力明显要小。对此需要关注一下管网中数量庞大的补偿器。蒸汽管网中补偿器种类繁多。常用的则是金属波纹管轴向型补偿器和旋转套筒补偿器。小口径管线中也常见 π 型补偿器。后面两种类型补偿器由于不产生盲板力，且可靠性高，非常受业主和热网设计者青睐。但就对管网阻力而言，波纹管补偿器和旋转套筒补偿器有较大差别。表 9-3 列出了 π 形补偿器、旋转套筒补偿器和金属波纹管补偿器的局部阻力当量长度和局部阻力当量长度系数 $\beta$ 的参考值。

**热力管网补偿器局部阻力当量长度及其系数 β**　　　　　表 9-3

| 管径 | π 形弯 | | 旋转补偿器 | | 波纹补偿器 | |
|---|---|---|---|---|---|---|
| | 当量长度（m） | $\beta$ | 当量长度（m） | $\beta$ | 当量长度（m） | $\beta$ |
| DN1000 | 180 | 3.60 | 233 | 1.17 | 7.3 | 0.15 |
| DN900 | 162 | 3.24 | 210 | 1.05 | 6.5 | 0.13 |

| 管径 | π形弯 | | 旋转补偿器 | | 波纹补偿器 | |
| --- | --- | --- | --- | --- | --- | --- |
| | 当量长度（m） | $\beta$ | 当量长度（m） | $\beta$ | 当量长度（m） | $\beta$ |
| DN800 | 144 | 2.88 | 180 | 0.90 | 5.6 | 0.11 |
| DN700 | 126 | 2.52 | 166 | 0.83 | 4.8 | 0.10 |
| DN600 | 110 | 2.20 | 146 | 0.73 | 4.1 | 0.08 |
| DN500 | 93 | 1.86 | 123 | 0.62 | 3.3 | 0.07 |
| DN450 | 86 | 1.72 | 114 | 0.57 | 2.9 | 0.06 |
| DN400 | 64 | 1.28 | 85 | 0.43 | 2.49 | 0.05 |
| DN350 | 55 | 1.10 | 74 | 0.37 | 2.09 | 0.04 |
| DN300 | 46 | 0.92 | 63 | 0.32 | 1.74 | 0.03 |
| DN250 | 40 | 0.80 | 55 | 0.28 | 1.40 | 0.03 |
| DN200 | 30 | 0.61 | 43 | 0.22 | 1.05 | 0.02 |
| DN150 | 21 | 0.42 | 32 | 0.16 | 0.69 | 0.01 |

从表中所列数据可发现，补偿器类型不同，管网资用压头的设置大不相同。对于资用压头相对紧缺的长距离管网，配置合适的补偿器，比加大管径对减少管网局部阻力作用更合适。

说明：①表中数据按弯头曲率半径 $R=1.5D$ 选取；②补偿器所在管段长度，π形补偿器管段长 50m，波纹补偿器管段长 50m，旋转套筒补偿器所在管段长取 200m；③波纹补偿器为轴向型，内置导流套。

### 5. 比温降

当下热网绝大多数采用过热蒸汽作热能媒介。管网中过热蒸汽沿途散热，焓值降低。表现为蒸汽温度一路下降。蒸汽温度的落差与所在管线长度之比构成蒸汽管网的比温降。与此同时，若是饱和蒸汽散热时，一部分蒸汽转化成冷凝水。余下的蒸汽温度取决于蒸汽的压力，蒸汽温度与管道散热多少没有关系。因此，比温降不适用于饱和蒸汽管网考评。对于过热蒸汽管段如果蒸汽在管段中间，而不是在管段终点以后转化成饱和状态，也不可全管段参加考评。

根据管网热平衡公式：

$$G(h_1 - h_2) = q(1 + \alpha)L_{1-2} \times 3.6$$
$$GC_P(t_1 - t_2) = q(1 + \alpha)L_{1-2} \times 3.6$$

公式中 $C_P$ 是蒸汽的定压比热，不同的压力和温度下 $C_P$ 值不相同。但是对于低压过热蒸汽管网，管中蒸汽压力较高区域的蒸汽温度也较高，相反亦然。所在区间蒸汽定压比热为 2.3～2.4kJ/(kg·℃)。引入 $C_P$ 有利于分析管网的热力状态。

将上述公式交换一下得：

$$C_{\Delta t} = \frac{t_1 - t_2}{L_{1-2}} = \frac{q(1 + \alpha) \times 3.6}{GC_P} \tag{9-3}$$

从式（9-3）中可发现，尽管管道散热强度 $q$ 越高，比温降越大。但是管段中蒸汽流量 $G$ 对管段的比温降值也有同等分量的影响，工作状态下管道散热强度变化不大，但蒸汽流量却可能不停地改变，而且变化幅度可能很大。因此，考核中需要对管段中蒸汽流量予以规定。首先管段中蒸汽流量在管段首端和末端应当一致。中间有分支，蒸汽被分流的管段不得一同进行考评。此外，管网在负荷低时管网比温降大。为了尽量减少管网中出现饱和管段，避免产生冷凝水，规定对低负荷工况下管网的比温降进行考核。通常取设计流量的 40%～50% 作考核条件。对于管网干线管道，管段的比温降 $C_{\Delta t}$ 应当不大于 3℃/km。对于支线管道尤其是入户线这类口径较小的管道 3℃/km 的指标较难达到。和大口径管道比较，小口径管道散热量虽然少，但小管径管道中蒸汽流量更小。因此相对散热量，小口径管道比大口径管道要大得多。通常，管径从大到小，管道散热强度 $q$ 大约以每一级差 10% 的幅度下降。而管中蒸汽流量却是按指数关系下降。因此，管网干线管道保温效果一定要好，严格控制附加散热量。以便为下游管段留有尽量多的资用温差。不然，就需要提高热网入口蒸汽温度。当入口温度提高了，管道散热强度也成比例地增加。抵消提高入口蒸汽温度的效果。另一方面，如果管网资用温差不足，则管网下游饱和蒸汽管段长度增加。饱和管段产生冷凝水，使管网附加热损失增加，对保障管网热效率不利。

式（9-3）中等号右边只有两个变量，管线散热强度 $q$ 在分子上，管中蒸汽流量 $G$ 在分母上。要控制比温降 $C_{\Delta t}$ 无非让分子不要大，让分母不要小，即节流和开源。节流，即降低管线散热损失。而开源，即增加管线流量。因为蒸汽流量是由热量用户控制的，不能无中生有。其实也不尽然。热量用户的蒸汽用量取决于用户的需要，当然无法"制造"出来。但管线中蒸汽流量却是可以调整的。热量用户中绝大多数白天用蒸汽多，晚上用蒸汽少。众所周知，供电售电实行峰平谷差价方法，对削弱峰谷量差是有帮助的。这办法同样也适用于蒸汽管网。另外在热网管线路由配置上，合理搭配用户，避免管线中蒸汽流量大幅度地变化，也是有益的。例如将连续用蒸汽且用蒸汽量大的用户布置在管线终端。将间歇用蒸汽的小用户安排在大用户的上游，都是有益的做法。

### 6. 终端压力变化幅度

蒸汽管网的用户通过得到的蒸汽获取热量，用蒸汽作为动力源的极少。蒸汽的压力与用户没有直接关系。另一方面是用户用热，尤其是使用换热器间接获取热量时，需要饱和蒸汽。过热蒸汽并不"好用"。因为过热蒸汽以对流方式换热，其放热系数比饱和蒸汽通过冷凝方式换热的放热系数要小两个数量级。饱和蒸汽的温度是饱和蒸汽压力的单值函数。即饱和状态下蒸汽压力高，温度也高，饱和压力低温度也低。更有一些用户的生产工艺要求保持恒温，相应地需要保持蒸汽恒压。如果热网用户端蒸汽压力不稳定，尤其是终端蒸汽压力大幅度地变化，会给热量用户带来很大麻烦，且其影响不只如此。

热网保持管网入口压力稳定较易实现。热网中压力变化的关系如下：

$$\Delta P = P_o - P_e$$

或者

$$P_e = P_o - \Delta P$$

公式中 $P_o$ 是热网入口蒸汽压力，$P_e$ 是热网终端压力，$\Delta P$ 是热网中蒸汽压降。对不实行热网蒸汽参数调节的，热网终端蒸汽压力将取决于沿程蒸汽压降。公式为：

$$\Delta P = \frac{0.000818 \times L \times (1+\beta) \times G^2 \times 10^{-6}}{\rho d^{5.25}} \tag{9-4}$$

如果忽略各种工况下管网中蒸汽密度的变化（若考虑过程中蒸汽密度 $\rho$ 的变化，将加剧下文所讨论的事态变化），视其为常数，则上式可简化为：

$$\Delta P = \frac{CG^2}{d^{5.25}} \tag{9-5}$$

通常蒸汽管网中蒸汽流量变化幅度可取 2∶1。则管网总压降的变化为 4∶1。以设计流量下管网入口压力为 1.6MPa，最远端用户压力为 0.6MPa 为例，最大压降 $\Delta P$ 等于 1.0MPa。当管网中流量变成最小值时，如取 $G_{min} = 0.5G_{max}$，则最低流量下管网的压降减少到 0.25MPa，终端用户蒸汽压力上升到 1.35MPa。热网中蒸汽参数随蒸汽流量变化的规律是，蒸汽流量越来越小，管网下游蒸汽压力越抬越高。同时又由于管网中蒸汽流速下降，蒸汽沿途散热时间拉长，每单位蒸汽散失热量增加，管网下游蒸汽的温度加速下跌。不幸的是蒸汽饱和温度随压力越升越高。如果在设计流量下管网末端已经为饱和状态或接近饱和状态，当管网流量下降时，热网的饱和临界点（过热状态与饱和状态分界点）将不断向管网上游移动。饱和温度不断抬升，下游管段中蒸汽与环境的温差不断拉大，管网散热强度上升。多重作用促使管网冷凝水量上升，且冷凝水的焓值升高。管网热效率降低。

从上述公式中可以发现，影响 $\Delta P$ 的参数除了蒸汽流量 $G$，还有管径 $d$。蒸汽流量多少及其变化主要取决于用户。调整蒸汽流量的做法在前面关于热网比压降的小节中已讨论过。在热网设计阶段选择合适的管径非常重要。例如当 $\Delta P$ 等于 1.0MPa，对应管径 $\phi530 \times 8$。

如果选择 $\phi630 \times 8$ 将得到如下结果：

$$\Delta P_2 = \Delta P_1 \times \left(\frac{d_1}{d_2}\right)^{5.25}$$

$$= 1.0 \times \left(\frac{0.514}{0.614}\right)^{5.25}$$

$$= 0.39\text{MPa}$$

第一种方案：

蒸汽管道选取 $\phi530 \times 8$

设计工况：

$G = G_{max}$

$P_o = 1.6\text{MPa}$

$P_e = 0.6\text{MPa}$

$\Delta P = 1.0\text{MPa}$

最小流量工况：

$G_{min} = 0.5G_{max}$

$P_e = 1.35\text{MPa}$

第二种方案：

蒸汽管道选取 $\phi630 \times 8$

$P_e = 0.6\text{MPa}$

$G = G_{max}$ 时，$P = 0.39\text{MPa}$

$P_o = 0.99\text{MPa}$

最小流量下，$G_{min} = 0.5G_{max}$

$P_e = 0.89\text{MPa}$

当然，从表面上看，将管径从 $\phi530 \times 8$ 换成 $\phi630 \times 8$，材料消耗约增加 20%。若严格按理论计算，1.6MPa 下 $DN500$ 蒸汽管道最小壁厚为 4.17mm。而 1.0MPa 下 $DN600$ 管

道最小壁厚 3.1mm 即可满足要求。材料消耗量不升反降。此外，蒸汽压力下调对热网安全和对汽轮发电机组的热效率具有益处。

### 7. 终端温度变化幅度

蒸汽管网终端温度对于热网十分重要。热网终端温度的变化，关系到热网的安全，对管网热效率有重要影响。因此，研究热网终端温度及其变化规律非常重要。

在展开讨论之前先了解热网终端蒸汽温度变化的状况。对于在线运行的蒸汽管网，各个参数的量值及其变化都源于管网中蒸汽流量的变化。在热网入口蒸汽压力、温度恒定不变的前提下，当管网管道中蒸汽流量下降，下游管段蒸汽压力抬升，上一小节已对此作了充分讨论。管网下游管段中的蒸汽温度也会因蒸汽流量变化而发生改变，但温度变化比压力变化要复杂。蒸汽管网每一个用户都是管线的终端。在众多终端中，蒸汽温度因管网蒸汽流量变化而发生改变的情况可分为以下 3 种类别：

1）蒸汽温度始终过热。管网蒸汽流量下降，终端蒸汽温度也下降。用户距离热源较近，用户蒸汽用量较大，连续使用蒸汽。

2）蒸汽状态始终饱和。当管网中蒸汽流量逐渐下降，管网下游蒸汽压力不断抬升，终点蒸汽温度随之升高。这种情况多发生在距离热源较远的一些用户端。

3）蒸汽状态先过热，后转成饱和。不连续使用蒸汽的用户端，使用蒸汽时间段管中蒸汽过热；停止使用蒸汽后管中蒸汽转变成饱和状态。另一些用户虽连续使用蒸汽，但距离热源较远。当热网中总流量降低后，管中蒸汽品位下降，蒸汽的焓降不足以支撑管道散热，只能通过相变释放潜热支撑管道散热。管网中蒸汽流量越来越低，蒸汽沿程压力损失越来越小，下游蒸汽压力逐渐升高，蒸汽温度逐步下降。待蒸汽温度降到饱和温度后，温度逐渐下降的过程终止。之后随终端蒸汽压力不断抬升，蒸汽的饱和温度逐步上升。

上面 3 种类型中，第 2 种和第 3 种类型不利于保障热网的经济性和热网安全。管段中蒸汽饱和温度升高拉大了管网与环境的温差，管网热损失因此上升。管中蒸汽相变产生冷凝水，如果产生的冷凝水不进行回收，管网将因排冷凝水而流失可观的热量。当管中冷凝水不能及时排放，在用户突然开始大量使用蒸汽时，常常会引发汽水冲击现象。水击对系统中的波纹补偿器构成严重威胁。补偿器尤其是地下敷设的补偿器破裂，后果是灾难性的。同时还有金属波纹管补偿器波纹管疲劳。管网终端蒸汽温度反复大幅度地波动，将加大波纹管的伸缩幅度，加速波纹管疲劳破坏。

为了更直观地理解以上概念，下面通过例 9-1 进行演示。

**例 9-1**　管段规格为 $\phi219$，保温材料为密度 $48kg/m^3$ 的玻璃棉，保温层厚度为 100mm，附加散热损失系数为 0.8。管网设计流量下终端压力为 0.6MPa。在管网流量降到最低时，终端蒸汽压力升到 1.25MPa。计算管段热损失。环境温度为 20℃。20℃天然水焓值 $h'$ 为 84kJ/kg。计算过程数据见表 9-4。

**解：**

玻璃棉导热系数计算公式：

$$\lambda = 0.041 + 0.00017 \times (t_m - 70)$$

$$T_m = \frac{1}{2}(t_s + 20)$$

管段散热损失：

$$q = \frac{2\pi\lambda(1+\alpha)(t-t_a)}{\ln\left(\dfrac{d+2\delta}{d}\right)}$$

计算过程数据                                                                    表 9-4

| 序号 | 1 | 2 | 3 | 4 | 5 | 6 | 7 | 8 |
|---|---|---|---|---|---|---|---|---|
| $P_s$ （MPa） | 0.6 | 0.7 | 0.8 | 0.9 | 1.0 | 1.1 | 1.2 | 1.25 |
| $t_s$ （℃） | 158.83 | 164.95 | 170.43 | 175.36 | 179.89 | 183.85 | 187.82 | 189.80 |
| $h'$ （kJ/kg） | 670.50 | 697.14 | 721.02 | 742.72 | 762.68 | 780.31 | 797.94 | 806.75 |
| $h'-h'_{20℃}$ （kJ/kg） | 586.50 | 613.14 | 637.02 | 658.72 | 678.68 | 696.31 | 713.94 | 722.75 |
| $\lambda$ ［W/(m·℃)］ | 0.0443 | 0.0448 | 0.0453 | 0.0457 | 0.0461 | 0.0464 | 0.468 | 0.0469 |
| $q$ （W/m） | 107.20 | 113.19 | 118.78 | 123.76 | 128.48 | 132.52 | 136.90 | 138.82 |
| $h''$ （kJ/kg） | 2756.14 | 2762.75 | 2768.30 | 2773.04 | 2777.12 | 2780.34 | 2783.56 | 2785.17 |
| $r$ （kJ/kg） | 2085.64 | 2065.61 | 2047.28 | 2030.32 | 2014.44 | 2000.03 | 1985.62 | 1978.42 |
| $G_c$ ［kg/(h·m)］ | 0.185 | 0.198 | 0.209 | 0.220 | 0.229 | 0.239 | 0.248 | 0.252 |
| $q_c$ （W/m） | 30.20 | 33.72 | 36.95 | 40.18 | 43.10 | 46.31 | 49.26 | 50.59 |
| $q+q_c$ （W/m） | 137.41 | 146.92 | 155.73 | 163.94 | 171.58 | 178.83 | 186.17 | 189.41 |

表中

$P_s$——管网终点蒸汽饱和压力，MPa；

$t_s$——管网终点与蒸汽饱和压力对应的饱和温度，℃；

$h'$——对应的饱和水焓值，kJ/kg；

$\lambda$——玻璃棉的导热系数，W/(m·℃)；

$q$——管道散热量，W/m；

$h''$——对应的饱和蒸汽焓值，kJ/kg；

$r$——对应的水蒸气汽化潜热，kJ/kg；

$G_c$——蒸汽管道中产生的冷凝水，kg/(h·m)；

$q_c$——冷凝水带走的热量，W/m。

如果加强保温效果，将保温层的厚度由 100mm 增加到 200mm。并改善管道保温结构，使附加散热系数由 0.8 降到 0.1。重新计算，整理符号并加上角标 "'"，见表 9-5。

计算过程数据                                                                    表 9-5

| 序号 | 1 | 2 | 3 | 4 | 5 | 6 | 7 | 8 |
|---|---|---|---|---|---|---|---|---|
| $q'$（W/m） | 40.91 | 43.20 | 45.33 | 47.22 | 49.03 | 50.57 | 52.24 | 52.98 |
| $G_c'$［kg/(h·m)］ | 0.071 | 0.075 | 0.080 | 0.084 | 0.088 | 0.091 | 0.095 | 0.096 |
| $q_c'$（W/m） | 11.50 | 12.82 | 14.11 | 15.32 | 16.53 | 17.60 | 18.78 | 19.35 |
| $q'+q_c'$（W/m） | 52.42 | 56.01 | 59.44 | 62.55 | 65.56 | 68.17 | 71.03 | 72.33 |
| $(q'+q_c')/q'$ | 1.28 | 1.37 | 1.45 | 1.53 | 1.60 | 1.67 | 1.74 | 1.77 |
| $(q+q_c)/q'$ | 3.36 | 3.59 | 3.81 | 4.00 | 4.19 | 4.37 | 4.55 | 4.63 |

分析表 9-4 和表 9-5 中计算结果可以发现：

1）当管网下游蒸汽由过热变为饱和，因排冷凝水带走热量，使饱和管段热损失增加 30%以上。

2）管网终端蒸汽压力变化幅度应尽量控制，使变化幅度尽量变小。本例因压力变化幅度过大，管段热损失比设计工况增加 30%。

3）本例终端压力在热网低负荷工况下，压力升幅过大，又排放冷凝水。与设计流量下终端保持微过热状态比较，前者管段损失热量达到后者的 1.7 倍。

4）本例热网终端蒸汽压力大幅度变化，管道保温层不够厚，保温结构粗糙。与精准保温，理想状态比较，两者管段热损失相差 3～4 倍。

综上分析可以发现，蒸汽管网终端虽然都是小口径且长度有限的管段，但并非可以忽视。通过精心设计可以在热网终端节省较多能量。

### 8. 热效率

蒸汽管网是用来集中输送工业蒸汽的城市基础设施。大多数蒸汽管网是热电联产的一个组成部分。除了安全问题之外，节能、高效是热网最重要的内容。我国由于制造业大规模发展，带动了蒸汽供热管网的大发展。我国已建成的有一定规模的蒸汽管网数量相当可观。关于供热蒸汽管网的热效率，我国相关标准中规定，管网热效率应当大于 92%。然而在线管网热效率合格率不高。现有技术和现有工业发展水平，想要使蒸汽管网热效率达标，甚至效果更加优秀，并非难事。本节前面已讨论的 7 个章节所涉及的内容若处理得当，热网热效率达标是完全可以期待的。在线热网经过改造，实现热效率达标也是可能的。

## 9.2 蒸汽管网检测

要评价蒸汽管网的优劣，需要掌握管网的相关参数数据，这些相关数据需通过管网检测获得。

### 1. 热网管道散热强度及附加散热系数检测

热网管道散热强度的检测分为两类。一种是实验室检测，另一种是工程现场检测。实验室检测用于成品保温管道。工程现场检测针对在线运行的热网。

检测热网管道散热强度的方法有以下几种，分别是电功率法、热流计法、保温层间温差法、表面温度法和热平衡法。电功率法只能用于实验室检测。热平衡法只能用于在线运行热网。热流计法、保温层间温差法和表面温度法可以用于实验室检测，也可以用于在线热网检测。

1）电功率法

送检保温管根据管径大小，按保温管道规格，选用与热网同样的保温材料。制成 3～5m 试件。在送检试件中预埋热电偶或热电阻。在管道中设置功率可调的电加热片。试件端头设保温端封，并配热补偿电热片。在主加热片和补偿加热片之间设保温隔断。在保温隔断两侧布设测温点。如图 9-1 所示为管道散热强度检测试件结构图。

根据保温管设计温度调节电加热装置，使图 9-1 中测点 5 的温度达到保温管设计温度值。与此同时，投入热补偿电热片（装置 12）。测量保温隔断两侧表面温度。调节热补偿电加热装置，使保温隔断两侧温度趋于一致。检验测点 2、3、4 和 5 的温度值。当温度值稳定 2h 后，开始正式测试。同时测量试件 1m 之外同一高度的空气温度。测试过程应保持环境状态稳定，无风无日照和其他热源、冷源干扰。测试时间应持续 24h 以上，中途不得停顿间断。取试验期间主加热装置电表功率的平均值，作为该长度试件的散热强度。折算成 1m 长试件散热量值即所需要的试验结果。

2）热流计法

热流计可用来直接测量保温管道的散热强度。热流计由热阻式热流传感器和二次仪表组成。热流计法可在实验室中检测试件散热强度。也可以用于工程现场，对架空敷设热力管道、管廊和管沟中热力管道以及直埋热力管道直接测取热流密度。

使用热流计时，热流传感器要按与热流垂直的方向贴附到管道保温层表面。当有热流通过传感器侧头时，传感器会输出一个电势值，并在二次仪表上显示热流密度。其换算公式为：

$$Q = CE \tag{9-6}$$

式中　$Q$——热流密度，$W/m^2$；

　　　$C$——传感器测头系数 $W/(m^2 \cdot mV)$；

　　　$E$——热流传感器输出电势，mV。

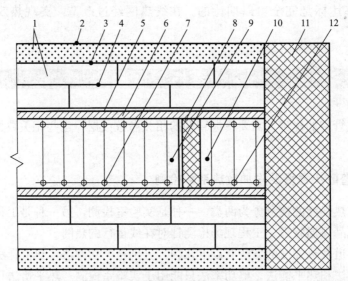

图 9-1　管道散热强度检测试件结构

1-保温层；2-表面温度测点；3-保温层间温度测点；4-保温层间温度测点；

5-保温层内表面温度测点；6-工作钢管；7-电热片；8-保温隔断；9-热补偿内测温点；

10-热补偿外测温点；11-保温端封；12-热补偿电热片

操作时传感器测头应按与热流垂直方向紧密地贴附在管道保温层外表面上。所选择的管道表面须将尘土、油污等去除，保持干燥，表面平整，与热流方向垂直。贴附传感器测头需粘贴紧密，不得出现空鼓。为使传递热流更有效，可在测点表面涂黄油、导热油、导热环氧树脂或硅脂作耦合剂。此外，适当压紧测头也是有效的。

实际操作时应关注环境对测试结果的影响。阳光照射、雨雪天气、强风情况下都不适合使用热流计。另外管道表面通过对流和辐射两种方式散热。测头表面颜色、状况应尽量与管道保温层外表面一致。如果有明显差别对读取的数据应适当修正。另外热流传感器出厂时有标定温度。被测管道外表面温度与标定温度不一致时，要对测试读数予以修正。修正公式如下：

$$Q = S q_s \tag{9-7}$$

式中　$Q$——真实的热流密度，W/m；

$q_s$——仪表显示的热流密度数值，W/m$^2$；

$S$——受检体表面温度与仪表标定温度偏离时的修正系数。

为了尽量排除偶发因素对测量精度的影响，测量时应在热网工况稳定时持续定时读取数据。去除离散数据后取平均值。还需要指出的是，必须同时测量保温管道中蒸汽温度和环境温度，否则测得的热流密度数据便毫无意义。

如果用本方法检测直埋蒸汽管道，很难在覆土状态下进行操作。当去除管道上方覆土后检测，所取得的数据与管道覆土状态下实际散热强度存在差别。对此需要同时测取测试点土壤导热系数，计算管道周围土壤层热阻，并用以修正用热流计测得的热流密度值，得到直埋蒸汽管道的热流密度值。

根据测试得到的保温管道热流密度 $q$，若想转换成管道线热流密度，用下式换算：

$$q_L = \pi D q \tag{9-8}$$

式中　$q_L$——线热流密度，W/m；

$D$——蒸汽保温管保温层外表面直径，m；

$q$——热流密度，W/m$^2$。

3）保温层间温差法

热网管道工作期间，管中介质与环境之间存在温差。蒸汽管道保温层由内到外温度逐渐降低。如果测得保温层间温度。根据管道保温散热公式和保温材料的导热系数与温度的关系公式，可推算出管道散热量。管道散热量公式：

$$q = \frac{2\pi\lambda(t_i - t_o)}{\ln\dfrac{D}{d}} \tag{9-9}$$

保温材料导热系数公式：

$$\lambda = a + b t_m + c t_m^2 + d t_m^3 \tag{9-10}$$

式（9-10）中的平均温度：

$$t_m = \frac{1}{2}(t_i + t_o) \tag{9-11}$$

式中　$t_i$——保温层内表面温度，℃；

$t_o$——保温层外表面温度，℃。

保温层间温差法可用于实验室检测，也可用于现场工程热网管道检测。采用本方法，宜用热电阻或热电偶，事先预埋在管道保温层中。这样操作所获得的尺寸数据和温度数据都相对准确。而对在线管网设置测温装置，所取得的数据误差较大，影响最终热流密度的准确性。

采用本方法还须注意一个问题。测温点最好选在 100℃ 以上温度区间。如果在 100℃ 以下保温外层设测温点。该区域的保温材料有吸潮的可能。保温材料吸潮使导热系数上升。而保温材料与温度的关系式中并不包括潮湿的影响。最终得到的管道散热强度值可能比实际散热强度略小。

采用保温层间温度法，也必须同时测取测试点管道中介质温度和管道周围环境温度。否则整理的结果没有价值。

4）表面温度法

表面温度法与保温层间温差法在原理上是一样的，只要存在温差就存在传热。获得温差值和其他必要的数据即可进行相关计算，得出管道散热强度。表面温度法要测量保温管道保温层外表面温度，同时测量环境温度。对于架空管道环境温度是管道周围空气温度。而直埋保温管环境温度是管道周围土壤温度。除了管道表面温度和环境温度，还要获取另外一些数据。

对于架空管道，管道保温层外表面通过对流和辐射两种方式散热。热交换公式：

$$q = \alpha \pi D(t_f - t_a) \tag{9-12}$$

式中　$D$——保温层外表面的直径，m；

　　　$t_f$——保温层外表面温度，℃；

　　　$t_a$——环境空气温度，℃。

换热系数：

$$\alpha = \alpha_c + \alpha_r \tag{9-13}$$

式中　$\alpha$——总对流换热系数，$W/(m^2 \cdot ℃)$；

　　　$\alpha_c$——对流换热系数，$W/(m^2 \cdot ℃)$；

　　　$\alpha_r$——辐射放热当量对流换热系数，$W/(m^2 \cdot ℃)$。

对于室外环境，对流换热系数在总放热系数中占绝大部分，可忽略辐射放热的部分，对结果影响不大。如果在室内、地沟或管廊内，对流换热强度比户外工况低很多，需要考虑辐射放热的影响。

当用于直埋敷设保温管道检测时，直埋敷设保温管道向土壤环境放热用以下公式计算：

$$q = \frac{2\pi\lambda_g(t_f - t_g)}{\ln\dfrac{4H}{D}} \tag{9-14}$$

测得保温管保温层外表面温度 $t_f$ 及土壤温度 $t_g$，根据保温管埋深 $H$，保温管保温层外表面直径 $D$ 和土壤导热系数 $\lambda_g$，就可以获得测点保温管的散热强度 $q$。

表面温度法用于直埋保温管道检测可以获得相对准确的管道热流密度值。用于架空管道检测会比较方便。适用于对精度要求较低的对比性检测。如果希望检测结果相对准确，对架空管道，尤其户外架空管道，难以取得可靠的结果。通常架空敷设热力管道保温层外表面与环境空气的温差只有 2~3℃。温度测量误差的影响变得相当大。户外风速也是一个不可控因素。因此若想获取较准确的管道热流密度值，不应采用表面温度法。

5）热平衡法

稳定运行的热网，从热网入口输入的热量减去沿途散失的热量就是到达管网出口的热量。用热平衡法检测蒸汽管网的保温效果，适宜检测单一规格管线。单一管线指的是管道直径和保温结构自管线入口到管线出口保持一致。管线中间没有分支分流蒸汽。且管线严密，无蒸汽泄漏。

由第 5 章管网热力计算可知，管网热平衡公式：

$$G(h_o - h_e) = q(1 + \alpha)L \times 3.6 \tag{9-15}$$

公式适用于管线中蒸汽全线保持过热状态的工况。使用上列公式，需要准确测量管中蒸汽流量。测量管线入口蒸汽压力、温度，测量管线出口蒸汽压力、温度。根据压力、温度值可以得到管线入口蒸汽焓 $h_o$ 和管线出口蒸汽焓 $h_e$。代入上面公式即可得到管线综合散热强度。所谓综合散热强度就是管道基本散热强度 $q$ 和管线附加散热（公式中 $\alpha$ 所代表的部分）之和。如果想进一步了解管线基本散热和附加散热各自所占的比例，则可以配合使用前述几种检测方法，找出管线基本散热强度 $q$，反映管线附加散热的系数 $\alpha$ 值也就得到了。这在对管网作全面评价时是有必要的。

对于全线饱和的蒸汽管线，热平衡公式如下：

$$G_o h_{so} - G_e h_{se} - (G_o - G_e)r = q(1 + \alpha)L \times 3.6 \tag{9-16}$$

上式中管线入口进入的热量扣除冷凝水带走的汽化潜热，扣除蒸汽沿程散失的热量，剩余的即为到达管线出口的热量。使用上述公式只需测量管线入口、出口温度值，或只测管线入口、出口压力值，即可得到入口、出口蒸汽焓值。对蒸汽流量的测量精度要求较高。因为管线在运行状态，通过的蒸汽量比相变成水的蒸汽量大得多。如果流量测量误差较大，对管线综合散热强度的准确性影响会很大。

作为一种特殊工况，当管线处于开通状态，而管线出口没有蒸汽流出。式（9-16）变成如下形式：

$$G_c r = q(1 + \alpha)L \times 3.6 \tag{9-17}$$

只要测得单位时间冷凝水量 $G_c$，测得管线中蒸汽压力 $P_s$ 或温度 $t_s$，便可以查得相应蒸汽的汽化潜热 $r$。用上式即可得到管线综合散热强度。

最复杂的工况是前一段管线中蒸汽为过热状态。到管线中间某一点，管中蒸汽转变成饱和状态。该节点下游管段散热依靠蒸汽释放汽化潜热，管中出现冷凝水。这种工况下管线的热平衡方程如下：

$$G_o h_o - G_e h_{se} - (G_o - G_e)r = q(1 + \alpha)L \times 3.6 \tag{9-18}$$

这种工况管中有冷凝水产生，但相对管线入口流量，冷凝水量更少。如果可能，直接测量管线排出的冷凝水量，整理得到的检测结果会更准确一些，式（9-18）变为：

$$G_o h_o - (G_o - G_c)h_{se} - G_c r = q(1 + \alpha)L \times 3.6 \tag{9-19}$$

对于热力管线，判断系统达到稳定可根据管中蒸汽流量和管线入口蒸汽的密度计算蒸汽流速，计算公式为：

$$v = \frac{G_o}{0.9\rho\pi D_i} \tag{9-20}$$

公式中蒸汽流量 $G_o$ 单位是 t/h，蒸汽密度单位是 $kg/m^3$，管道内径 $D_i$ 单位是 m，求得的蒸汽流速 $v$ 的单位是 m/s。根据管线长度 $L$ 可求出在稳定工况下，蒸汽从管线入口到达管线出口需要的时间。在此基础上再等待 30min 以上。让蒸汽管道吸热或放热，使全线钢管与管内蒸汽的温度相等。这时可以认为管线达到稳定的热平衡状态。

### 2. 蒸汽管线和蒸汽管网的质量管损

蒸汽管网的质量管损检测只针对在线运行的热网。运行中的热网每个时间节点的质量管损都是不同的。因此取一个时间周期的平均管损才有实际价值。通常这个周期取一年的数据。热网的管损对管网热效率有重要影响。热网的管损是热网各条管线管损合成的结果。一般没有必要逐条管线检测管损。只有热网管损出现异常时，需要寻找导致管网状态异常的根源时才有必要选择疑似的问题管线进行检测。

现代热网几乎都设置有计量流量的总表、分表和户表。能够提供瞬时量和累计量。根据全年累计数值，很容易得到热网平均管损。分析一天 24h 逐时的管损，分析不同月份或不同季节的管损，对于热网经营管理也是有帮助的。

### 3. 热网管线的量长比

根据热网管线图和热网运行记录，可以很容易整理出管网中各条管线的量长比。按管道规格分类，列出同类管线的量长比，同时配合各管线的蒸汽压降、温降，以及过热、饱和状态及状态变化，管线的冷凝水状况等。有助于研究热网运行规律，有助于制定热网优化改造方案。

### 4. 热网的比压降和比温降

热网管线的比压降和比温降都是流量的函数。热网中蒸汽流量常常在 24h 内周期性地变化。检测热网管线的比压降和比温降需要全天各个时间节点的量值，尤其重要的是最大流量下和最小流量下的量值。管网如果是枝状网，可以根据运行记录整理出各时间节点任一管线中的流量。对于环状管网则需要借助管线中的流量计或压力、温度测量仪表的帮助进行整理。设置有联通管的管网，在联通管上应配置流量表、压力表和温度表，以便于分析热网热力水力工况。

检测管线蒸汽压降可在任何运行中的时间节点进行。在记录管线起点和终点压力时，应同时记录下取值时刻，以便到运行记录中查找对应时刻管线中的蒸汽流量。管线起点和终点读取蒸汽压力数值应在同一时刻。

检测管线蒸汽温降时，上述操作要求也都应遵守。除此之外，读取温度值需要在管网运行稳定的时间区间进行。这在前一节中已经描述过。

### 5. 热网终端压力变化幅度和温度变化幅度

热网终端压力变化幅度和终端温度变化幅度无须专门组织检测。只要收集热网运行记录，从中摘取数据即可。这里所指的终端，涵盖全部热网用户。但不必选择所有用户端数据。通常依照距离热网总入口远近可以归成几个组团，从中取典型数据即可。对于那些非典型数据也需要摘录出来，供分析研究。同样的，在不同季节，上述数据可能有变化。如有，也需要进行摘录整理。

### 6. 管网的热效率

所有数据中，管网热效率无疑是最重要的。管网的热效率分成日热效率、月热效率、季热效率和年热效率。其中年热效率在经济分析中最为重要。管网热效率一般无须专门检测。根据热网运行数据整理即可得到管网热效率。

## 9.3　蒸汽管网性能评定

对蒸汽管网的管道、管线和整个管网进行评价，这项工作具有重大意义。从中可以发现管网的安全问题，发现在技术上、管理上可提升的空间。为全面提升管网效益、节省能量和提高服务质量，提供依据。

### 1. 蒸汽管网管道散热强度及管线附加散热强度

蒸汽管网管道的散热强度不是一个强制性的指标。管道散热强度越高，管网的热效率就越低，管网效益就越差。热网管线的保温结构多种多样；保温结构的质量也千差万别。随时间推移，保温结构可能受到人为的扰动和风、雨、日晒等外界因素的影响。保温性能会衰减。阶段性地检测、评定管网管道散热强度很有必要。在热网初建阶段，为管道选择性能优异的保温材料，设计一个合理的保温结构，更加重要。表 9-6 给出了 $160\sim400℃$，对应各种口径蒸汽管道的散热强度 $q_L$ 值。表中斜线上方是容许最高散热强度。管道散热强度不宜超过表中所列高位值。

表示管道散热强度的另一个参数是 $q$，单位是 $W/m^2$。$q$ 值乘以 $\pi D$（$D$ 是管道保温层外表面的直径）就转换成管道线热流密度，或通常所说的管道散热强度 $q_L$。参照表 9-4 的数据，转换成 $q$ 值，列在表 9-7 中。从中可以发现，管径越小的管道，其 $q$ 值越高。发现用线热流密度 $q_L$ 评价管网保温效果，比用热流密度 $q$ 更实用。这可以通过例 9-2 来验证。

**例 9-2**　蒸汽保温管规格为 $\phi325$。蒸汽温度为 $300℃$。采用密度为 $38kg/m^3$ 的玻璃棉保温，保温层厚度为 $200mm$。保温层外表面温度为 $20℃$。求保温管的散热强度。

**解：**

查得 $\rho＝38kg/m^3$ 玻璃棉的导热系数公式为：

$$\lambda＝0.0285959＋1.33319\times10^{-4}t_m＋8.80259\times10^{-10}t_m^3$$

$$t_m＝\frac{1}{2}\times(t_i＋t_o)$$

$$＝\frac{1}{2}\times(300＋20)$$

$$＝160℃$$

代入前式得 $\lambda$ 等于 $0.0535W/(m\cdot℃)$。

蒸汽保温管道散热强度 $q_L$（W/m）（环境温度取 20℃）

表 9-6

| 规格 | 温度（℃） | | | | | | | | | | | | |
|---|---|---|---|---|---|---|---|---|---|---|---|---|---|
| | 160 | 180 | 200 | 220 | 240 | 260 | 280 | 300 | 320 | 340 | 360 | 380 | 400 |
| DN100 | 33/29 | 40/35 | 46/41 | 53/47 | 60/53 | 68/60 | 76/67 | 85/75 | 93/82 | 103/90 | 112/99 | 122/107 | 132/116 |
| DN125 | 36/32 | 43/38 | 50/44 | 57/51 | 65/58 | 74/65 | 82/73 | 91/81 | 101/89 | 111/98 | 121/107 | 132/116 | 143/126 |
| DN150 | 37/34 | 44/41 | 51/47 | 59/54 | 67/62 | 75/70 | 84/78 | 93/87 | 103/96 | 113/105 | 124/115 | 135/125 | 146/135 |
| DN200 | 43/38 | 51/45 | 60/52 | 69/60 | 79/68 | 89/77 | 99/86 | 110/95 | 121/105 | 133/116 | 146/126 | 158/137 | 172/149 |
| DN250 | 50/42 | 60/50 | 70/58 | 80/67 | 91/76 | 103/86 | 115/96 | 128/106 | 141/117 | 155/129 | 169/141 | 184/153 | 199/166 |
| DN300 | 52/44 | 62/53 | 73/61 | 83/71 | 95/80 | 107/90 | 120/101 | 133/112 | 147/124 | 161/136 | 176/149 | 191/162 | 208/175 |
| DN350 | 56/46 | 66/55 | 78/64 | 89/74 | 102/84 | 114/94 | 128/106 | 142/117 | 157/129 | 172/142 | 188/155 | 205/169 | 222/183 |
| DN400 | 59/50 | 70/60 | 82/70 | 94/80 | 107/91 | 120/103 | 135/115 | 150/128 | 165/141 | 181/155 | 198/169 | 216/184 | 234/199 |
| DN450 | 62/53 | 74/63 | 86/73 | 99/85 | 113/96 | 127/109 | 142/122 | 158/135 | 174/149 | 191/164 | 209/179 | 227/194 | 246/211 |
| DN500 | 63/53 | 74/63 | 87/73 | 100/84 | 113/96 | 128/108 | 143/121 | 159/134 | 175/148 | 192/162 | 210/177 | 228/193 | 248/209 |
| DN600 | 69/58 | 82/69 | 95/81 | 110/93 | 125/106 | 141/119 | 157/133 | 175/148 | 193/163 | 212/179 | 232/196 | 252/213 | 273/231 |
| DN700 | 74/61 | 88/73 | 103/85 | 118/98 | 134/111 | 151/125 | 169/140 | 188/156 | 207/172 | 228/189 | 249/206 | 271/224 | 293/243 |
| DN800 | 80/66 | 94/78 | 110/92 | 127/105 | 144/120 | 162/135 | 182/151 | 202/168 | 223/185 | 244/203 | 267/222 | 291/242 | 315/262 |

续表

| 规格 | 温度 (℃) | | | | | | | | | | | | |
|---|---|---|---|---|---|---|---|---|---|---|---|---|---|
| | 160 | 180 | 200 | 220 | 240 | 260 | 280 | 300 | 320 | 340 | 360 | 380 | 400 |
| DN900 | 82/69 | 97/82 | 114/96 | 131/110 | 149/125 | 168/141 | 188/158 | 208/175 | 230/193 | 252/212 | 276/232 | 300/252 | 325/273 |
| DN1000 | 84/70 | 100/83 | 117/97 | 134/112 | 153/127 | 172/143 | 193/160 | 214/178 | 236/196 | 259/216 | 284/236 | 309/256 | 334/278 |

注：斜线下方数值为推荐值；斜线上方数值为容许值。

**蒸汽保温管道散热强度 $q$（W/m²）**

表 9-7

| 规格 | 温度 (℃) | | | | | | | | | | | | |
|---|---|---|---|---|---|---|---|---|---|---|---|---|---|
| | 160 | 180 | 200 | 220 | 240 | 260 | 280 | 300 | 320 | 340 | 360 | 380 | 400 |
| DN100 | 30/23 | 37/27 | 42/32 | 48/37 | 55/41 | 62/47 | 70/52 | 78/59 | 85/64 | 94/70 | 102/77 | 112/84 | 121/90 |
| DN400 | 23/17 | 27/21 | 32/24 | 36/27 | 41/31 | 46/35 | 52/40 | 58/44 | 64/48 | 70/53 | 76/58 | 83/63 | 90/68 |
| DN600 | 20/15 | 24/18 | 27/21 | 32/24 | 36/27 | 40/31 | 45/34 | 50/38 | 55/42 | 61/46 | 67/51 | 72/55 | 78/60 |
| DN1000 | 17/13 | 20/15 | 23/17 | 26/20 | 30/23 | 34/26 | 38/29 | 42/32 | 46/35 | 51/39 | 56/42 | 61/46 | 66/50 |

注：斜线下方数值为推荐值；斜线上方数值为容许值。

管道散热强度（$q_L$）：

$$q_L = \frac{2\pi\lambda(t_i - t_o)}{\ln\dfrac{d + 2\delta}{d}}$$

$$= \frac{2\pi \times 0.0535 \times (300 - 20)}{\ln\dfrac{325 + 2 \times 200}{325}}$$

$$= 113.3\text{W/m}$$

管道散热强度（$q$）：

$$q = \frac{q_L}{\pi D}$$

$$D = d + 2\delta$$

$$= 0.325 + 2 \times 0.2$$

$$= 0.725\text{m}$$

$$q = 51.5\text{W/m}^2$$

本例将玻璃棉密度更换为 $48\text{kg/m}^3$。保温层厚度 $\delta$ 调整为 180mm。其余条件不变。重新计算管道散热强度。

查 $\rho = 48\text{kg/m}^3$ 玻璃棉的导热系数公式为：

$$\lambda = 0.0290717 + 1.10122 \times 10^{-4}t_m + 7.65229 \times 10^{-10}t_m^3$$

将平均温度代入后得 $\lambda$ 等于 $0.0498\text{W/(m·℃)}$。

管道散热强度（$q_L$）：

$$q_L = \frac{2\pi \times 0.0498 \times (300 - 20)}{\ln\dfrac{325 + 2 \times 180}{325}}$$

$$= 117.3\text{W/m}$$

管道散热强度（$q$）：

$$q = \frac{q_L}{\pi D}$$

$$= \frac{117.3}{(\pi \times (0.325 + 2 \times 180))}$$

$$= 54.4\text{W/m}^2$$

比较前例和本例计算结果，两种管道保温采用了不同规格的玻璃棉，厚度不同。但管道的线热流密度 $q_L$ 恰巧相等，都等于 $117.3\text{W/m}$。保温效果相同。但前后两种方案得出的热流密度 $q$ 却不一样。

通过本例可以发现，保温管道的线热流密度 $q_L$ 是唯一的。而热流密度 $q$ 受保温层厚度影响。有可能出现保温效果好，测得的热流密度 $q$ 值比保温效果稍差的管道的热流密度 $q$ 还要高的结果。因此，应采用线热流密度 $q_L$ 评定管道保温效果。

蒸汽管网除了管道主体透过管道保温层散热，同时还有多种渠道引发热量流失。对管网热效率同样构成负面影响，管网的附加热损失系数应在评定管网管道散热强度的同时，一并进行评定。相关的热网设计规范中规定，热网的附加散热损失系数 $\alpha$ 应不大于 $0.1\sim0.2$。

**2. 关于蒸汽管网的量长比和质量管损**

蒸汽管网的量长比和质量管损都与管线长度有关。也都与通过管道的蒸汽流量有关。管线长度是不变的。管道中的蒸汽流量是动态参数，每一个时间节点蒸汽流量都可能不一样。随着时间推移，管网的热量用户可能增加，也可能流失。这会对管网的蒸汽流量带来影响。

如果不考虑管线中蒸汽温度的上下浮动（多数情况蒸汽温度波动幅度不大），管线散热近乎恒定。管线中蒸汽流量大，单位质量蒸汽流失的热量就少。因此管线的量长比越大越好。管网总流量越大的热网往往效益越好。如 $300\sim500t/h$ 的蒸汽流量，可用于 30km 长的管网。离开足够大的蒸汽流量，想要长距离输送，很难实现。对于固定的蒸汽流量，管线越短越好。当没有足够多的蒸汽需求，且是连续的需求，强行长距离输送蒸汽，则管网利用率不高。

根据热平衡关系，进入管网的热量扣除沿途失去的热量，等于管网出口的热量。其关系式为：

$$G_{\mathrm{o}}h_{\mathrm{o}}-q(1+\alpha)L\times3.6=G_{\mathrm{e}}h_{\mathrm{e}} \tag{9-21}$$

式中　$G_{\mathrm{o}}$——进入管网的蒸汽量，t/h；

$\qquad h_{\mathrm{o}}$——入口蒸汽的焓值，kJ/kg；

$\qquad q$——管道基本散热量，W/m；

$\qquad \alpha$——管网附加散热系数；

$\qquad L$——管道长度，km；

$\qquad G_{\mathrm{e}}$——管网出口蒸汽流量，t/h；

$\qquad h_{\mathrm{e}}$——出口蒸汽的焓值，kJ/kg。

通常热网有一个入口，有若干个出口。一个热网由多种规格的管线构成，管径、长度及其散热强度各异。调整一下式（9-21），得：

$$G_{\mathrm{o}}h_{\mathrm{o}}-\sum G_{\mathrm{e}}h_{\mathrm{e}}=\sum q(1+\alpha)L\times3.6$$

$$G_{\mathrm{o}}h_{\mathrm{o}}\times\left(1-\frac{\sum G_{\mathrm{e}}h_{\mathrm{e}}}{G_{\mathrm{o}}h_{\mathrm{o}}}\right)=\sum q(1+\alpha)L\times3.6$$

上式括弧中第 2 项是热网热效率：

$$\eta=\frac{\sum G_{\mathrm{e}}h_{\mathrm{e}}}{G_{\mathrm{o}}h_{\mathrm{o}}} \tag{9-22}$$

代入前式，得：

$$\frac{G_{\mathrm{o}}}{\sum L}=\frac{q_{\mathrm{m}}(1+\alpha)\times3.6}{h_{\mathrm{o}}(1-\eta)} \tag{9-23}$$

规定热网热效率 $\eta$ 应不低于 0.92，热网附加散热系数应不大于 0.2。代入式（9-23），得：

$$\frac{G_{\mathrm{o}}}{\sum L}\geqslant\frac{q_{\mathrm{m}}(1+0.2)\times3.6}{h_{\mathrm{o}}(1-0.92)}$$

$$\frac{G_{\mathrm{o}}}{\sum L}\geqslant\frac{54\times q_{\mathrm{m}}}{h_{\mathrm{o}}}$$

等式左边是蒸汽管网的量长比，用 $C_{G-L}$ 表示。等式右边的 $q_m$ 是热网管道基本散热量的加权平均值：

$$q_m = \frac{\sum q_i L_i}{\sum L_i} \tag{9-25}$$

$$C_{G-L} \geqslant \frac{54 q_m}{h_。} \tag{9-26}$$

评价热网取热网平均热效率，式（9-26）中的入口流量 $G_。$ 取热网入口蒸汽平均流量。

关于蒸汽管网的质量管损是应当给予重视的指标。质量管损大的热网，热效率很难合格。按现代技术，让蒸汽管网的质量管损等于零是可以做得到的。不妨用"优良可差"四个等级来评定管网质量管损。

优——管网管损等于零；

良——管网质量管损小于 2.5%；

可——管网的质量管损小于 5%；

差——管网的质量管损大于 5%。

### 3. 蒸汽管网的比温降和比压降

对于热电联产系统中的蒸汽管网，为了提高整体效率，热网部分应当尽量节省压差资源。使汽轮机有尽量大的压差。热网部分的管线比压降，在设计流量下应控制在小于 0.3MPa/km 的范围。这个指标针对热网干线管道。分支线管道无须受此限制。分支线充分利用好资用压头即可。

### 4. 蒸汽管网各终端压力变化幅度和温度变化幅度

蒸汽管网各个终端压力和温度都应尽量稳定。应当通过设计，合理选型、配置参数，抑制各终端蒸汽压力和蒸汽温度发生波动。通过自动控制，可以基本上消除热网终端蒸汽压力和终端蒸汽温度的波动。热网各终端的蒸汽压力、蒸汽温度波动的幅度应当都等于零。

### 5. 管网热效率

对上述各项指标的考核评定，目的都是服务于提高蒸汽管网的热效率。国家相关标准明确规定，蒸汽管网的热效率 $\eta$ 应当大于 92%。热网效率达到 92% 为及格，达到 94% 以上为良好的，达到 96% 以上的蒸汽管网可评为优秀。

# 第10章

# 工程案例分析

## 热源

热电厂装配有两台供热发电机组。机组总供蒸汽能力为 60t/h。

机组供蒸汽压力 $P$ 为 0.98MPa。

机组供蒸汽温度 $t$ 为 300℃。

## 用户

以纺织印染、化工为主。

## 管网

以架空敷设为主（占 95%），埋地敷设为辅（占 5%）。

架空管道全部现场保温。保温材料采用岩棉。管网于 2005 年建成。管网最大供热半径为 3.25km。管网蒸汽管道总长度为 4.626km。管网各规格管道保温结构尺寸见表 10-1。

管网各规格管道保温结构尺寸 表 10-1

| 管道规格 | 保温厚度（mm） | 架空管长度（m） | 埋地管长度（m） | 合计管段长度（m） |
|---|---|---|---|---|
| DN200 | 130 | 2250 | — | 2250 |
| DN150 | 130 | 575 | 260 | 835 |
| DN150 | 100 | 652 | 104 | 756 |
| DN125 | 50 | 454 | 32 | 486 |
| DN100 | 100 | 156 | — | 156 |
| DN100 | 50 | 206 | — | 206 |
| DN80 | 50 | 39 | — | 39 |

管网管线分布图如图 10-1 所示。

管网运行记录见表 10-2、表 10-3、表 10-4 和表 10-5。

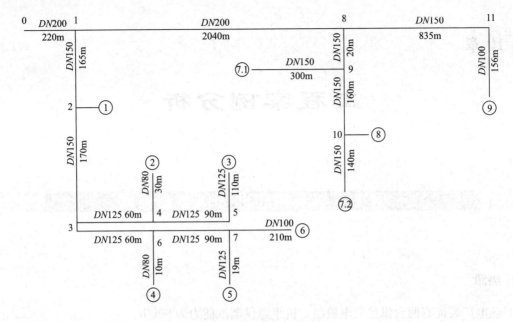

图 10-1 热网管线示意图

**2015 年 5 月 4 日运行流量记录（t）** 表 10-2

| 用户编号 | 2015 年 5 月 4 日 0:00 流量 | 2015 年 5 月 4 日 1:00 分流量 | 全天累计蒸汽流量 |
|---|---|---|---|
| 总表 | 1277.63 | 1480.66 | 203.03 |
| 1 | 1593.14 | 1594.17 | 1.03 |
| 2 | 1484.29 | 1500.38 | 16.09 |
| 3 | 2287.92 | 2293.92 | 6 |
| 4 | 2724.18 | 2724.18 | 0 |
| 5 | 1017.31 | 1017.31 | 0 |
| 6 | 3269.1 | 3282.63 | 13.53 |
| 7.1 | 1499.03 | 1549.31 | 50.28 |
| 7.2 | 553.79 | 612.81 | 59.02 |
| 8 | 2877.72 | 2879.08 | 1.36 |
| 9 | 1078.64 | 1078.64 | 0 |
| 用户合计 | — | — | 147.31 |
| 管损 | — | — | 27.44% |

**2015 年 4 月 4 日至 2015 年 5 月 4 日运行流量记录** 表 10-3

| 用户编号 | 初始值（t） | 结束值（t） | 蒸汽流量（t） | 平均流量（t/h） |
|---|---|---|---|---|
| 总表 | 5580.24 | 11728.82 | 6148.58 | 8.54 |
| 1 | 1534.35 | 1594.21 | 59.86 | 0.08 |
| 2 | 1030.09 | 1512.06 | 481.97 | 0.67 |
| 3 | 2058.95 | 2319.97 | 261.02 | 0.36 |
| 4 | 2689.69 | 2724.18 | 34.49 | 0.05 |
| 5 | 686.95 | 1034.97 | 348.02 | 0.48 |
| 6 | 3004.02 | 3305.78 | 301.76 | 0.42 |

| 用户编号 | 初始值（t） | 结束值（t） | 蒸汽流量（t） | 平均流量（t/h） |
|---|---|---|---|---|
| 7.1 | 9904.72 | 11594.21 | 1708.79 | 2.37 |
| 7.2 | 9100.14 | 10672.97 | 1562.83 | 2.17 |
| 8 | 2849.2 | 2879.32 | 30.12 | 0.04 |
| 9 | 463.61 | 1078.64 | 615.03 | 0.85 |
| 用户合计 | 5403.9 | | | |
| 管损 | 12.11% | | | |

**瞬时运行记录 1**　　　　　　　　　　　　　　表 10-4

| | 用户编号 | 温度（℃） | 压力（MPa） | 瞬时流量（t/h） |
|---|---|---|---|---|
| | 总表 | 290.06 | 0.644 | 13.23 |
| | 1 | 165.5 | 0.548 | 0.08 |
| | 2 | 223.5 | 0.539 | 1.17 |
| | 3 | 187.3 | 0.537 | 0.5 |
| 2015 年<br>5 月 5 日<br>9:52 | 4 | — | — | 0 |
| | 5 | 182 | 0.535 | 1.05 |
| | 6 | 177.7 | 0.559 | 0.26 |
| | 7.1 | 202.5 | 0.329 | 2.63 |
| | 7.2 | 203.7 | 0.33 | 5.5 |
| | 8 | — | — | 0 |
| | 9 | — | — | 0 |
| 用户流量合计 | — | — | — | 11.19 |
| 管损 | — | — | — | 15.42% |

**瞬时运行记录 2**　　　　　　　　　　　　　　表 10-5

| | 用户编号 | 温度（℃） | 压力（MPa） | 瞬时流量（t/h） |
|---|---|---|---|---|
| | 总表 | 300.5 | 0.786 | 17.35 |
| | 1 | — | — | 0 |
| | 2 | 233 | 0.667 | 1.04 |
| | 3 | 204 | 0.624 | 4.02 |
| 2015 年<br>5 月 5 日<br>16:11 | 4 | — | — | 0 |
| | 5 | 187.8 | 0.615 | 1.08 |
| | 6 | 194 | 0.71 | 0.46 |
| | 7.1 | 205.1 | 0.58 | 3.13 |
| | 7.2 | 206.7 | 0.583 | 5.66 |
| | 8 | — | — | 0 |
| | 9 | — | — | 0 |
| 用户流量合计 | — | — | — | 15.39 |
| 管损 | — | — | — | 11.30% |

## 热网评定

根据管网调查报告和运行记录对管网的热力状况作进一步推演。

### 1. 管网热效率

$$\eta = \frac{\sum G_e h_e}{G_o h_o} \times 100\%$$ (10-1)

根据 2015 年 5 月 5 日运行记录，用户累计流量为 203.2t/d，热网总表 248.16t/d，按 2015 年 5 月 5 日 9 点 52 分记录，用蒸汽量最大的 7 号用户的蒸汽温度约为 200℃，压力取 0.4MPa，相应的蒸汽焓值 $h$ 为 2861kJ/kg，总表温度为 290℃，压力为 0.6MPa，相应焓值 $h$ 为 3060kJ/kg。可得 2015 年 5 月 5 日热网效率为：

$$\eta = \frac{203.2 \times 2861}{248.16 \times 3060} \times 100\%$$
$$= 76.6\%$$

2015 年 4 月 4 日至 5 月 5 日全月总表流量为 6148.58t，各用户为 5403.9t，该月管网平均热效率为：

$$\eta = \frac{5403.9 \times 2861}{6148.58 \times 3060} \times 100\%$$
$$= 82.2\%$$

相关标准规范规定，蒸汽管网的热效率 $\eta$ 应大于等于 92%，该热网的热效率远低于国家标准规定的指标。

### 2. 管道保温层厚度

热力管道的保温层越厚，管网热损失越小。代价是管网建设成本高。根据能源价格、保温材料价格和相关费用，可以得到一个合理的管道保温层厚度。本案相关数据见表 10-6。

相 关 数 据　　　　　　　　　　表 10-6

| 规格 | 现状保温厚度（mm） | 推荐保温层厚度（mm） | 散热损失比较（$q/q'$） |
|---|---|---|---|
| DN200 | 130 | 200 | 1.33：1.0 |
| DN150 | 130 | 170 | 1.18：1.0 |
| DN150 | 100 | 170 | 1.40：1.0 |
| DN125 | 50 | 155 | 2.15：1.0 |
| DN100 | 100 | 140 | 1.22：1.0 |
| DN100 | 50 | 140 | 1.95：1.0 |
| DN80 | 50 | 120 | 1.74：1.0 |
| DN50 | 50 | 100 | 1.49：1.0 |

由列表结果可知，如果管道保温层厚度按推荐值设置，热网热损失可大幅度下降。管网沿程温降（即比温降 $C_{\Delta t/L}$）可明显降低。进一步可以下调管网入口蒸汽温度（如从现状 $t_o = 300℃$ 下调到 $t_o = 250℃$ 或更低），使管网热损失再降低。

### 3. 管网附加散热损失

蒸汽管网的热力平衡公式如下：

$$G_o h_o - \sum G_e h_e = \sum q_i (1+\alpha) L_i \times 3.6 + G_c (h_s' - h_{20}')$$ (10-2)

公式中热网入口流量 $G_o$ 取 2015 年 4 月的流量平均值，$G_o$ 等于 8.54t/h，入口蒸汽焓值按温度 300℃，压力 0.6MPa 取值，得 $h_o$ 等于 3062.06kJ/kg。热量用户的焓值按温度 200℃，压力 0.35MPa 取值，得 $h_e$ 等于 2863.49kJ/kg。热量用户流量按 2015 年 4 月份统计流量平均值，得 $G_e$ 等于 7.5t/h。热网产生的冷凝水按 2015 年 4 月份平均值，得 $G_c$ 等于 1.04t/h。冷凝水焓值 $h_s'$ 取饱和压力 0.5MPa 下饱和水的焓值，得 $h_s'$ 等于 640.19kJ/kg。$h_{20}'$ 为 20℃ 水焓值，等于 84kJ/kg。管道散热计算按平均值用公式计算。取热网入口蒸汽温度为 300℃，出口蒸汽温度为 180℃，蒸汽平均温度 $t_m$ 等于 240℃。取管道保温层外表面温度 $t_w$ 等于 20℃。岩棉的导热系数公式为：

$$\lambda = 0.0407 + 2.52 \times 10^{-5} t_m + 3.34 \times 10^{-7} t_m^2$$

$$t_m = \frac{1}{2}(240 + 20)$$

$$= 130℃$$

$$\lambda = 0.05 W/(m \cdot ℃)$$

管道散热强度（$q$）：

$$q = \frac{2\pi\lambda(t_m - t_w)}{\ln \dfrac{d + 2\delta}{d}} \tag{10-3}$$

各规格管道散热强度 $q$ 见表 10-7。

各规格管道散热强度

表 10-7

| 规格 | 保温厚度 (mm) | 散热强度 (W/m) | 长 (km) | 线热流密度 (W/m) | 散热强度推荐值 (W/m) |
|---|---|---|---|---|---|
| DN200 | 130 | 87.9 | 2.26 | 198.654 | 68 |
| DN150 | 100 | 84.4 | 1.79 | 151.076 | 62 |
| DN125 | 100 | 75.2 | 0.43 | 32.336 | 58 |
| DN100 | 100 | 65.8 | 0.366 | 24.083 | 53 |
| DN80 | 50 | 91.3 | 0.04 | 3.650 | — |
| DN50 | 50 | 68.1 | — | — | — |

$$\sum q_i L_i = 409.799 km \cdot W/m$$

将相关数据代入管网热平衡公式，得管网附加散热系数 $\alpha$ 等于 1.783。状态良好的供热管网附加散热系数 $\alpha$ 应当小于 0.1～0.2。本案例管网附加散热损失是正常管网的 9～18 倍。

### 4. 孤户

从本案例管网示意图（图 10-1）中可以发现，从用户 1 到用户 8 都是几个用户串在一条管线上。唯独用户 9 位于管网最远端。从全月运行数据表中可见，用户 9 是全网用蒸汽量第 2 大户。而从 2015 年 5 月 4 日运行记录表中可知，9 号用户不连续使用蒸汽。在该用户不使用蒸汽时间段，从管线图节点 8 到用户 9 全长约 1km 管道进入饱和状态。这段管道除了正常散热，还伴随蒸汽相变。一部分蒸汽转变成冷凝水。当热网疏水排出管道中冷凝水时，带走了相当于该管段散失到环境中热量 30% 的热量。即在用户 9 不用蒸汽的时间段，该管段以相当于9号用户开通状态下管段散热强度130%的倍数散热。同样不连续使用蒸汽的用户4和用户5与其他的用蒸汽用户共线。所在管线中蒸汽处于流动状态，并保持过热状态，所在管线并不产生冷凝水。并未引起附加排冷凝水热损失。因此用户9属于孤户，而用户4、5是小微户，但不是孤户。

## 案例 2　某地热网，热源为燃煤电厂

某地热网，热源为燃煤电厂。热量用户位于化工工业园区，输送距离约6.4km。属于热电联产模式。项目于2020年建设，已经正常运营。

**项目概况：**

**气象、地质资料：**

年均气温为15.5℃，历史最高年均气温为20.4℃，历史最低年均气温为11.4℃。

历史最高气温为41.2℃，历史最低气温为−22.2℃。

最高月均气温为32.5℃，最低月均气温为6.3℃。

年均风速为2.7m/s。

年均降雨日为105.9d。

地震烈度为7度。

**工程资料：**

用户年用蒸汽量最高为90万t，最低用蒸汽量为54万t。

用户端要求蒸汽温度 $t_e$=370±5℃，蒸汽压力 $P_e$=3.9±0.05MPa。

管网设计压力 $P_d$=6.4MPa（g）。

管网设计温度 $t_d$=425℃。

管网入口最高工作压力 $P_o$=5.7MPa（a）。

管网入口最高工作温度 $t_o$=425℃。

管网设计流量 $G_o$=157.4t/h。

管网设计比温降 $C_{\Delta t/L}$≤5℃/km。

蒸汽钢管规格为 $\phi$406×20。

钢管材质20G，标准：《高压锅炉用无缝钢管》GB/T 5310—2017。

管网敷设形式：预制保温，架空敷设。

管网补偿方式：配备旋转套筒补偿器（64组）。

管道保温结构：硅酸铝毡-微孔硅酸铝瓦-硬质聚氨酯泡沫复合结构。

**1. 热力计算**

1）保温计算

管道外多层保温计算公式：

$$q = \frac{2\pi(t - t_{\mathrm{w}})}{\frac{1}{\lambda_1}\left(\ln\frac{d_1}{d_0}\right) + \frac{1}{\lambda_2}\left(\ln\frac{d_2}{d_1}\right) + \frac{1}{\lambda_3}\left(\ln\frac{d_3}{d_2}\right)} \tag{10-4}$$

由内层向外，第一层保温材料为硅酸铝毡，导热系数公式：

$$\lambda = 0.035 + 0.203 \times 10^{-6} t_{\mathrm{m}}^2$$

硅酸铝毡层内外表面平均温度 $t_{\mathrm{m}}$ 取 400℃，$\lambda_1$ 为 0.0675W/(m·℃)。

第二层保温材料为微孔硅酸钙瓦，其导热系数公式：

$$\lambda = 0.056 + 7.786 \times 10^{-5} t_{\mathrm{m}} + 7.857 \times 10^{-8} t_{\mathrm{m}}^2$$

瓦内外表面平均温度 $t_{\mathrm{m}}$ 取 250℃，$\lambda_2$ 为 0.0808W/(m·℃)。

第三层保温材料为聚氨酯泡沫层，取 $t_{\mathrm{m}}$ 为 60℃，$\lambda_3$ 为 0.035W/(m·℃)。

取沿管线蒸汽平均温度 $t$ 为 400℃。取保温管外表面温度 $t_{\mathrm{w}}$ 为 20℃。

以上数据代入公式：

$$q = \frac{2\pi(400 - 20)}{\frac{1}{0.0675}\ln\left(\frac{426}{406}\right) + \frac{1}{0.0808}\ln\left(\frac{946}{426}\right) + \frac{1}{0.035}\ln\left(\frac{1015}{946}\right)}$$

$$= 189.5\mathrm{W/m}$$

2）管网热平衡计算

管道的保温效果应当保障在最不利工况下，热网输送到终点的蒸汽参数符合设计要求。下面通过管网热平衡推演检验管网终点温度是否符合设计要求。管网热平衡公式如下：

$$GC_{\mathrm{p}}(t_{\mathrm{o}} - t_{\mathrm{e}}) = q(1 + \alpha)L \times 3.6 \tag{10-5}$$

最不利工况应当是管网流量最低的工况。本案例最低流量 $G_{\min}$ 等于 61.5t/h。在压力 4～6MPa，温度在 370～430℃，蒸汽的定压比热 $C_{\mathrm{p}}$ 约为 2.45kJ/(kg·℃)。管网的附加散热系数 $\alpha$ 取 0.2。管线长度 $L$ 取 6.4km。以上数据代入式（10-5）得：

$$61.5 \times 2.45 \times (t_{\mathrm{o}} - 370) = 189.5 \times (1 + 0.2) \times 6.4 \times 3.6$$

得：

$$t_{\mathrm{o}} = 405℃$$

管网的设计温度在运行最高温度 $t_{\mathrm{o}}$ 的基础上增加 20℃，即

$$t_{\mathrm{d}} = t_{\mathrm{omax}} + 20$$
$$= 405 + 20$$
$$= 425℃$$

与本热网设计数据相符。

当管网达到最大流量，$G$ 等于 157.4t/h 时，热网入口蒸汽温度等于 383.6℃即可保障终点蒸汽温度为 370℃。此工况下管网每千米温降为 2.12℃。管网处于平均流量为 110t/h 工况时，热网入口蒸汽温度需要为 389℃。此时管网每千米管网的蒸汽温降为 3℃。

## 2. 水力计算

蒸汽管网水力计算公式：

$$\Delta P = \frac{0.000818(L + L_{\mathrm{m}})G^2 \times 10^{-6}}{\rho d^{5.25}} \tag{10-6}$$

式（10-6）中管网局部阻力当量长度 $L_m$ 用下列公式计算：

$$L_m = 76.445d^{1.25}\xi \tag{10-7}$$

本管网管道规格选定为 $\phi406\times20$，相应的管道内径 $d$ 为 0.366m。

管网中包含旋转套筒补偿器组中的 90°弯头 344 个，45°弯头 34 个，相应的局部阻力系数：

$$90° \text{弯头} \quad \zeta = 0.5$$
$$45° \text{弯头} \quad \zeta = 0.3$$

管网局部阻力当量长度：

$$\begin{aligned}
L_m &= 76.445 \times 0.366^{1.25} \times (344 \times 0.5 + 34 \times 0.3) \\
&= 3965m
\end{aligned}$$

管网设计流量下阻力损失：

$$\Delta P = \frac{0.000818 \times (6400 + 3965) \times 157.4^2 \times 10^{-6}}{17.3 \times 0.366^{5.25}}$$

$$= 2.377MPa$$

管网终端压力 $P_e = 3.9MPa$，在最高流量下管网入口需要的压力：

$$\begin{aligned}
P_o &= P_e + \Delta P \\
&= 3.9 + 2.377 \\
&= 6.277MPa
\end{aligned}$$

加上余量 $C = 0.18MPa$，设计压力：

$$\begin{aligned}
P_d &= P_o + C \\
&= 6.277 + 0.18 \\
&= 6.457MPa
\end{aligned}$$

本案管网设计压力 $P_d = 6.4MPa$，与复盘结果相符。

作为方案比较，本案分别选择蒸汽管道规格 $\phi480\times14$ 和 $\phi530\times16$。相应的管网压力损失：

$$\Delta P_1 = \frac{0.000818 \times [6400 + 76.445 \times 0.452^{1.25} \times (344 \times 0.5 + 34 \times 0.3)] \times 157.4^2 \times 10^{-6}}{17.3 \times 0.452^{5.25}}$$

$$= 0.876MPa$$

$$\Delta P_2 = \frac{0.000818 \times [6400 + 76.445 \times 0.498^{1.25} \times (344 \times 0.5 + 34 \times 0.3)] \times 157.4^2 \times 10^{-6}}{17.3 \times 0.498^{5.25}}$$

$$= 0.557MPa$$

对应的管网入口需要的压力：

$$P_{o-1} = 3.9 + 0.876 = 4.774MPa$$
$$P_{o-2} = 3.9 + 0.557 = 4.457MPa$$

当入口蒸汽压力变动，管网平均压力数值相应变动，需要调整公式中蒸汽平均密度 $\rho$ 的量值并反复迭代计算。此处省略反复计算过程。

### 3. 工作管壁厚计算

蒸汽管道壁厚按下式计算：

$$\delta \geqslant \frac{P_d D_o}{2[\sigma]^t + P} + C_1 + C_2 \qquad (10\text{-}8)$$

本案设计压力 $P_d$ 取 6.4MPa，工作管外径 $D_o$ 等于 406mm，管材选用 20G，在设计温度 $t_d$ 等于 425℃条件下，钢材的许用应力 $[\sigma]$ 等于 66MPa。以上数据代入式（10-8），得：

$$\delta = \frac{6.4 \times 406}{2 \times 66 + 6.4}$$

$$= 18.8\text{mm}$$

蒸汽管道壁厚附加不考虑腐蚀余量，$C_1 = 0$，当管壁厚度大于 8mm 时，壁厚负偏差附加厚度 $C_2$ 取 0.8mm。则本案例：

$$\delta = 18.08 + 0.8$$

$$= 19.6\text{mm}$$

管网设计取管壁厚度 $\sigma$ 等于 20mm 与管网设计结果是相符的。

讨论：

前面在蒸汽钢管管壁厚度校核计算过程中的条件是管网入口蒸汽压力等于设计压力，蒸汽温度等于设计温度。如果变换一下思维方式，改换成保障用户端蒸汽压力和蒸汽温度满足设计要求。可以发现，在管网满负荷工作时，管网的蒸汽沿程压降达到最大值。管网沿程温降为最小值；管网处于最低负荷时，管网蒸汽沿程压降处于最小值。蒸汽沿程温降达到最大值。无论哪种工况，管网入口蒸汽压力和温度不会同时处于最高值。推演如下：

1）流量 $G = G_{min} = 61.5$t/h

管网沿程蒸汽压力损失与蒸汽流量平方成正比。如果暂不考虑管网平均压力改变引起蒸汽密度的变化，则管网入口压力：

$$P_o = P_e + \left(\frac{G_{min}}{G_{max}}\right)^2 \Delta P_G = G_{max}$$

$$= 3.9 + \left(\frac{61.5}{157.4}\right)^2 \times 2.377$$

$$= 4.26\text{MPa}$$

按最低负荷时管网入口较低压力计算需要的蒸汽钢管壁厚：

$$\delta = \frac{P_o D_o}{2[\sigma]^t + P_o}$$

$$= \frac{4.26 \times 406}{2 \times 66 + 4.26}$$

$$= 12.7\text{mm}$$

考虑附加厚度，并取偶数，壁厚 $\delta$ 取 14mm（计算壁厚减少管道内径扩大，管网沿程压降比前文简单用流量变化修正的结果低 18%，因此修正结果是偏于安全的）。

2）管网负荷达到峰值

流量 $G = G_{max} = 157.4$t/h

重新对管网热平衡进行推演：

$$G_{max} C_p(t_{omin} - t_e) = q(1 + \alpha)L \times 3.6$$

$$157.4 \times 2.45 \times (t_{omin} - 370) = 189.5 \times (1 + 0.2) \times 6.4 \times 3.6$$

$$t_{omin} = 383.6℃$$

对应上面求得的管网入口温度 $t_o$ 为 383.6℃的 20G 钢管材料的许用应力 $[\sigma]^t > 85MPa$。计算管道壁厚：

$$\delta = \frac{P_o D_o}{2[\sigma]^t + P_o}$$

$$= \frac{5.7 \times 406}{2 \times 85 + 5.7}$$

$$= 13.17mm$$

计算结果加上附加厚度 0.8mm，得蒸汽管道壁厚等于 14mm。比原热网设计壁厚减少 6mm。如果迭代计算，管沿程蒸汽压降因管壁厚减薄，阻力下降，计算入口压力 $P_o$ 还可进一步下调。故计算壁厚取 14mm 是偏于安全的。在热平衡计算中，入口蒸汽温度 $t_o$ 等于 $t_{omin}$ 时沿程蒸汽平均温度下降。使管网热损失 $q$ 值下降，迭代计算，$t_{omin}$ 为 383.6℃ 的结果还有下降空间。

### 4. 蒸汽钢管选材

蒸汽钢管选材依据系统的性质，和管道长期工作温度。对于普通碳素钢，在 400℃以上应当关注材料蠕变。当管道长期在 400℃以上工作时，尤其是达到 450℃时，20 号钢可能发生蠕变。钢材发生蠕变，金相组织缓慢改变。管道强度下降、风险升高。

根据压力容器行业规范可知：

低压：0.1～1.6MPa。

中压：1.6～10MPa。

高压：10～100MPa。

工业管道按介质温度划分

低温 ≤ -40℃ < 常温 < 120℃ < 中温 < 450℃ < 高温

本案例属于中温、中压蒸汽管网系统。国家标准《锅壳锅炉 第 2 部分：材料》GB/T 16508.2—2022 中相关规定见表 10-8。

钢管相关标准 表 10-8

| 材料牌号 | 执行标准 | 工作压力 (MPa) | 工作温度 (℃) | 许用应力 $[\sigma]^t$ | | | |
|---|---|---|---|---|---|---|---|
| | | | | 400℃ | 425℃ | 450℃ | 475℃ |
| Q235B | 《低压流体输送用焊接钢管》 GB/T 3091—2015 | ≤1.6 | — | — | — | — | — |
| L210 | 《石油天然气工业 管线输送系统用钢管》 GB/T 9711—2017 | ≤2.5 | — | — | — | — | — |
| 20 | 《输送流体用无缝钢管》 GB/T 8163—2018 | ≤1.6 | ≤350 | 85 | 66 | 49 | 36 |
| 20 | 《低中压锅炉用无缝钢管》 GB/T 3087—2022 | ≤5.3 | ≤430 | 85 | 66 | 49 | 36 |
| 20G | 《高压锅炉用无缝钢管》 GB/T 5310—2017 | 不限 | ≤460 | 85 | 66 | 49 | 36 |

依据上述标准规定，本案例钢管可以选择 20 号钢，符合《输送流体用无缝钢管》GB/T 3087—2022 即可满足设计条件要求。

## 案例 3　某地集中供热工业蒸汽管网

某地集中供热工业蒸汽管网，热源是当地某企业自备热电厂，用户主要为轻纺企业。用户众多，分布面广。管网于 2015 年建设，初期管网总长 16km，最大供热半径为 8.4km。管网设计流量 $G_d$ 为 150t/h。管网起点最大管径为 $DN600$。该热网是国内第一条由全部工厂预制保温管道建造的市政工业蒸汽管网。管网大部分为架空敷设，少量过路段采用直埋敷设。管网的设计参数如下：

设计供蒸汽压力 $P_d = 1.6MPa$。

设计供蒸汽温度 $t_d = 300℃$。

设计用户压力 $P_e = 0.8MPa$。

设计用户温度 $t_e = 180℃$。

管网平面布置示意图如图 10-2 所示。

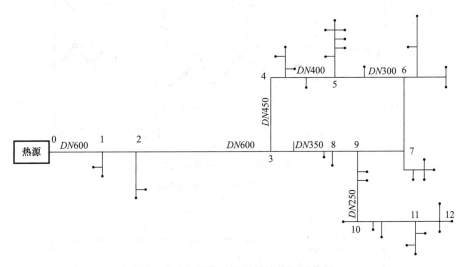

图 10-2　某轻纺工业园供热管网示意图

截至 2016 年 11 月挂网用户共 85 家。根据 2016 年 11 月 18 日管网运行记录表可知，85 家用户中有 16 家连续 24h 不间断使用蒸汽。另有 10 家用户 24h 始终处于关闭状态。2016 年 11 月 18 日 0 点至 24 点管网总表记录的运行温度时间曲线、运行压力时间曲线和用蒸汽量时间曲线分别如图 10-3、图 10-4 和图 10-5 所示。

2016 年 11 月 25 日现场检测温度结果如下：

13 点：环境温度为 6.8℃，管网起点钢管温度为 293.6℃。

15 点：管网起点钢管温度为 299.8℃。

15 点：距离管网起点 6km 处钢管温度为 261℃。

长 6km 的管道温度下降 38.8℃（6km 管段内，距起点 1km 和 2km 处各有一个分流三通）。

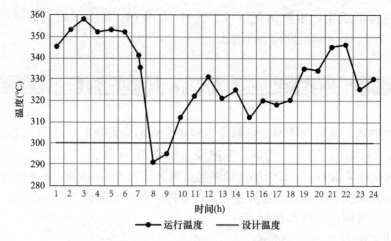

图 10-3　运行温度-时间曲线图

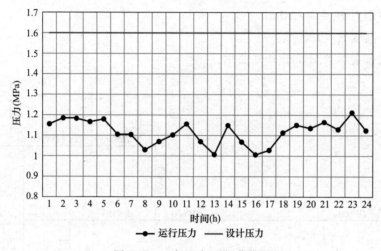

图 10-4　运行压力-时间曲线图

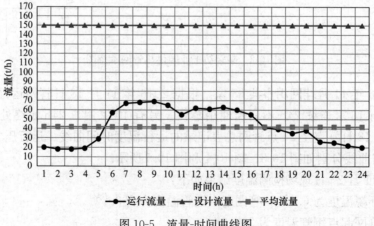

图 10-5　流量-时间曲线图

13 点 20 分管道保温层外表面温度为 13.5℃。

13 点 25 分附近固定节保温层外表面温度为 26℃。固定节钢结构件表面温度为 64℃。

总阀（未保温）距离钢管 1m 处温度为 122℃；距离钢管 0.1m 处温度为 162℃；钢管表面（裸露）温度为 241℃。

该热网 2016 年 11 月 18 日运行记录见表 10-9。

<table>
<tr><td colspan="5" align="center">运 行 记 录</td><td align="right">表 10-9</td></tr>
<tr><td>时间</td><td>0:00～8:00</td><td>8:00～16:00</td><td>16:00～24:00</td><td>全天</td></tr>
<tr><td>热源总表流量（t）</td><td>272</td><td>479</td><td>263</td><td>1014</td></tr>
<tr><td>用户合计流量（t）</td><td>235.939</td><td>477.976</td><td>238.962</td><td>952.877</td></tr>
<tr><td>差额（t）</td><td>36.061</td><td>1.024</td><td>24.038</td><td>61.123</td></tr>
<tr><td>负荷率（%）</td><td>22.7</td><td>39.92</td><td>21.92</td><td>28.2</td></tr>
<tr><td>管损率（%）</td><td>13.26</td><td>0.21</td><td>9.14</td><td>6.03</td></tr>
</table>

根据 2021 年 6 月份的运行记录，自 2021 年 5 月 25 日至 2021 年 6 月 24 日热源处总表记录共产蒸汽 54174t，同期各用户累计用蒸汽 51319.6t，损失蒸汽 2854.4t。运行负荷达到设计负荷的 2/3。管网的质量损失为 5.27%。此时距管网建成投产已 5 年零 6 个月。

2022 年、2023 年负荷率稍有下降，运行记录见表 10-10、表 10-11、表 10-12（2 点距热源点 2km，3 点距 2 点约 4km）。

| 时间 | 流量 | 负荷率 | 2 点温度 | 3 点温度 | 每千米温降 |
|---|---|---|---|---|---|
| | (t/h) | (%) | (℃) | (℃) | (℃/km) |
| 2022.9.6 12:00 | 87 | 58 | 224 | 218 | 1.7 |
| 2022.9.6 17:00 | 68 | 45 | 218 | 206 | 3.4 |
| 2022.9.8 15:00 | 81 | 54 | 229.35 | 222 | 2.1 |
| 2022.9.14 15:00 | 89.2 | 59 | 226.36 | 222.4 | 1.2 |
| 2022.9.15 16:00 | 76.8 | 51 | 227 | 219.1 | 2.3 |

运 行 记 录　　　　表 10-10

| 时间 9:00～10:00 时 | 流量 | 负荷率 | 2 点温度 | 3 点温度 | 每千米温降 |
|---|---|---|---|---|---|
| | (t/h) | (%) | (℃) | (℃) | (℃/km) |
| 2023.6.11 | 94.3 | 63 | 251.29 | 242.4 | 2.5 |
| 2023.6.12 | 98.6 | 66 | 243.21 | 236 | 2.1 |
| 2023.6.13 | 95 | 63 | 252.3 | 240.6 | 3.3 |
| 2023.6.14 | 100.9 | 67 | 249.81 | 241.8 | 2.3 |
| 2023.6.15 | 95.1 | 63 | 252.26 | 238.3 | 4 |
| 2023.6.16 | 96.8 | 65 | 268.29 | 247.3 | 6 |
| 2023.6.17 | 105.7 | 70 | 254.24 | 241.2 | 3.7 |

运 行 记 录　　　　表 10-11

| 时间 9:00～10:00 | 流量 | 负荷率 | 2 点温度 | 3 点温度 | 每千米温降 |
|---|---|---|---|---|---|
| | (t/h) | (%) | (℃) | (℃) | (℃/km) |
| 2023.7.8 | 89.6 | 60 | 244.56 | 237.1 | 2.1 |
| 2023.7.9 | 90.7 | 60 | 246.08 | 241.8 | 1.2 |

运 行 记 录　　　　表 10-12

| 时间<br>9:00~10:00 | 流量<br>(t/h) | 负荷率<br>(%) | 2点温度<br>(℃) | 3点温度<br>(℃) | 每千米温降<br>(℃/km) |
|---|---|---|---|---|---|
| 2023.7.10 | 96 | 64 | 252.49 | 241.8 | 3.1 |
| 2023.7.11 | 93.1 | 62 | 249.67 | 243.48 | 1.8 |
| 2023.7.12 | 93.4 | 62 | 248.55 | 235 | 3.9 |
| 2023.7.13 | 91.2 | 61 | 249.51 | 239.9 | 2.7 |

主干管检测结果复盘：

热网管道热平衡公式如下：

$$GC_p \Delta t = q(1 + \alpha)L \times 3.6$$

取 2023 年 7 月 10 日检测数据：

热网总流量 $G_。$ 为 96t/h；

按当时蒸汽压力为 1.0MPa，温度为 245℃，可查得蒸汽定压比热 $C_p$ 为 2.2247kJ/(kg·℃)；

第 2 点到第 3 点温降 $\Delta t = (252.49 - 241.8) = 10.69℃$；

第 2 点到第 3 点管线长度 $L = 3.7$km；

管段 2—3 的管径为 $\phi 630$；管外包 200mm 密度为 200kg/m³ 的微孔硅酸钙瓦，最外层覆盖 35mm 厚的聚氨酯泡沫。

取微孔硅酸钙瓦的平均温度 $t_m = 0.5 \times (245 + 80) = 162.5℃$；

相应的微孔硅酸钙瓦的平均导热系数 $\lambda_1 = 0.0711$W/(m·℃)

取保温管外表面温度等于 30℃，取聚氨酯泡沫导热系数 $\lambda_2 = 0.033$W/(m·℃)，根据上述数据计算保温管线热流密度：

$$q = \frac{2\pi(t - t_w)}{\frac{1}{\lambda 1}\ln\frac{d + 2\delta 1}{d} + \frac{1}{\lambda 2}\ln\frac{d + 2(\delta 1 + \delta 2)}{d}} = \frac{2\pi(245 - 30)}{\frac{1}{0.0711}\ln\frac{1030}{630} + \frac{1}{0.033}\ln\frac{1100}{1030}} = 151.67\text{W/m}$$

"瓦泡"界面温度 $t_1 = 78℃$，与前面计算取值 $t_1 = 80℃$ 相近，计算结果成立。

将计算结果带入管线热平衡式：

$$GC_p \Delta t = q(1 + \alpha)L \times 3.6$$

$$GC_p \frac{\Delta t}{3.6} = q(1 + \alpha)L$$

取管网附加散热系数为 0.1 代入上式：

保温管 1h 散热量 = 151.67 × (1 + 0.1) × 3700 × 3.6 = 2222268kJ

介质散热 1h 散热量 = 96000 × 2.2247 × (252.49 - 241.8) = 2283076kJ

根据计算结果，热平衡关系成立，证明理论计算与现场检测结果吻合。

**点评：**

1) 本案例全部采用了工厂预制保温的成品保温管建造市政蒸汽管网是一个十分成功的案例。工程于 2015 年 9 月开工，至 2016 年 2 月竣工投产。为当地环境保护工作作出重大贡献，和同类工程相比较，施工周期明显缩短。

该热网采用微孔硅酸钙瓦配合硬质聚氨酯泡沫复合保温结构，"瓦泡"两种保温材料优势互补。从投产到 2023 年已运行 8 年。管网保温性能稳定。

2）该热网主要线路采用架空敷设，管道保温外壳采用铝合金薄板通过机械卷制，螺旋咬口成型。至今基本保持完好，未发生腐蚀，没有大面积破损，使业主维护成本降低。

本案例建造之初热负荷统计明显虚高，投产已经 8 年，峰值负荷仅达到设计负荷的 2/3。热平衡公式 $GC_p(t_o-t_e)=q(1+\alpha)L\times3.6$ 等号右侧是管道通过对流、辐射和传导等方式向管网周围环境散失的热量，等式左边是进入和流出管网的热量差。等式两边量值须相等。当管中蒸汽流量 $G$ 未达到预期量值，则等式左边相应的温差就增大。热网入口温度 $t_o$ 受限于热源不可能无限提升。热网出口温度下降则将止于饱和温度 $t_{es}$。当等式仍不能成立，则热网中的一部分蒸汽相变，释放潜热补足左边等式所缺的热量。热平衡式变为 $GC_p(t_o-t_{es})+G_cr=q(1+\alpha)L\times3.6$。

$G_c$ 是管网产生的冷凝水，$r$ 是蒸汽相变汽化潜热。冷凝水通常排到管网外，排冷凝水时使蒸汽相变所释放热量的 $30\%\sim40\%$ 以热水的形式排到管网外，为附加热损失。

3）关于热网设计参数：

设计供蒸汽压力 $P_d=1.6\text{MPa}$；

设计供蒸汽温度 $t_d=300℃$；

设计用户压力 $P_e=0.8\text{MPa}$；

设计用户温度 $t_e=180℃$。

以上热网设计参数量值在蒸汽管网工程设计中出现的概率很高。着手设计热网工程时参照过往成功案例固然是惯例，但是几乎没有哪个工程各种条件与成功案例完全一致。对于不同条件应作相应的调整。掌握其中的规律很重要。推演如下。

本章用户类型与本案例类似，该热网用户侧蒸汽压力低至 0.5MPa，常年运行，也可满足生产用热要求。本案例如果将管网出口压力 $P_e$ 设定为 0.5MPa，相应的饱和蒸汽温度 $t_s$ 等于 159℃。取 $t_e=160℃$。本案例假如取比温降为 5℃/km，取比压降为 0.05MPa/km。根据本案例供热半径 $L_{max}=8\text{km}$，按上述指标计算并取整可得：

设计供蒸汽压力 $P_d=1\text{MPa}$；

设计供蒸汽温度 $t_d=200℃$；

设计用户压力 $P_e=0.5\text{MPa}$；

设计用户温度 $t_e=160℃$；

设计流量 $G_d=120\text{t/h}$。

下面先讨论压力。根据流体力学中管中流体流动阻力计算公式可知，蒸汽在管道中流动产生的压力损失 $\Delta P$ 与蒸汽流量的平方成正比。下面用下标 1 代表即有热网设计参数，用下标 2 代表拟变化的设计参数，则：

$$\Delta P_2 = \Delta P_1\left(\frac{G_2}{G_1}\right)^2$$
$$= (1.6-1.0)\times\left(\frac{120}{150}\right)^2$$
$$= 0.384\text{MPa}$$
$$P_{d2} = \Delta P_2 + P_{e2} = 0.384 + 0.5 = 0.884\text{MPa}$$

相比取值 $P_d = 1.0$MPa，低 0.116MPa，基本可行。

管网入口温度调到 200℃ 是否可行？下面选择管网首段中 $\phi$630 管段做一下量化推演。在进行管道保温计算和管网热力计算时，含设计与温度构成函数关系的参数，包括保温材料的导热系数 $\lambda$，和蒸汽的定压比热 $C_p$，为了方便读者理解，下面给出 $C_p$-$t$ 曲线图（图 10-7）和微孔硅酸钙 $\lambda$-$t$ 坐标图（图 10-6）。作为降低管网入口温度，减少管网入口蒸汽和出口蒸汽温度降的支撑措施，可增加管道保温层厚度。管道保温层厚度与管道热阻的关系曲线 $\ln^{-1}\left(\dfrac{d+2\delta}{d}\right)-\delta$（图 10-8、图 10-9）如下。

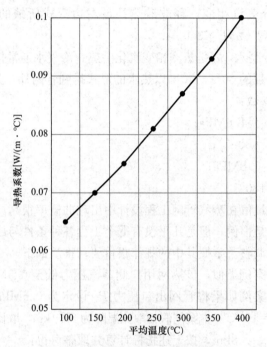

图 10-6　微孔硅酸钙 $\lambda$-$t$ 坐标图

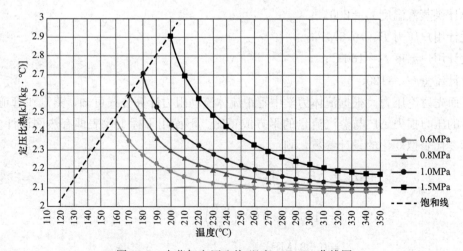

图 10-7　水蒸气定压比热-温度（$C_p$-$t$）曲线图

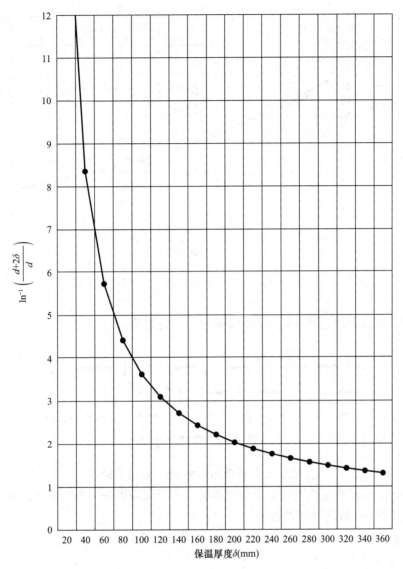

图 10-8　保温层厚度与管道热阻 $\ln^{-1}\left(\dfrac{d+2\delta}{d}\right)$-$\delta$ 的关系曲线图一

　　根据保温计算公式，适当增加保温层厚度 $\delta$，管道散热损失 $q$ 下降。在管网热平衡公式中，等式右边 $q$ 值下降，等式左边管网进出口温差（$t_o-t_e$）可降低。如果维持出口蒸汽温度 $t_e$ 不变，则可下调管网入口蒸汽温度 $t_o$。$t_o$ 下降引起管网进出口平均温度 $t_{m1}$ 下降，$t_{m1}=0.5(t_o+t_e)$。$t_{m1}$ 下降引起管道保温层平均温度 $t_{m2}$ 下降，$t_{m2}=0.5(t_{m1}+t_w)$。$t_{m2}$ 下降引起保温材料导热系数 $\lambda$ 下降。导热系数 $\lambda$ 和管道保温层内外表面温差 $t_{m1}-t_w$ 下降，进一步使管道散热强度 $q$ 下降。与此同时管网蒸汽进出口平均温度下降，管网出口蒸汽饱和。管网入口蒸汽温度向出口蒸汽温度靠近。导致管中蒸汽平均定压比热 $C_p$ 升高。$C_p$ 升高为（$t_o-t_e$）进一步下降提供空间。$t_o$ 可再下降，进一步影响热平衡公式右边，使管道散热强度 $q$ 再下降。呈现一种振荡模式。

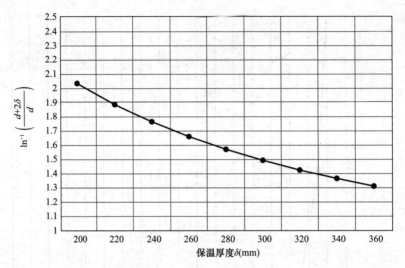

图 10-9　保温层厚度与管道热阻 $\ln^{-1}\left(\dfrac{d+2\delta}{d}\right)$-$\delta$ 的关系曲线图二

为了更清晰地表现上述变化过程，下面给出变化过程。

上述变化重复推演，直至逐渐趋于稳定

为了验证上述设想是否可行，下面以本案例主干线为例进一步做量化推演。

主干线 $DN600$ 管道设计参数如下：

干管：$\phi630\times10$、$\phi1030\times200$、$\phi1100\times35$，即内层保温微孔硅酸钙瓦厚 200mm，外层聚氨酯泡沫层厚 35mm；

原入口温度 $t_o=300℃$；

原入口压力 $P_o=1.6\mathrm{MPa}$；

原设计流量 $G_o=150\mathrm{t/h}$。

现调整如下：

微孔硅酸钙瓦厚度减少到 160mm，聚氨酯泡沫层厚度增加到 140mm（保温材料成本增加了 22％）。

入口压力 $P_d=1.0\mathrm{MPa}$；

入口温度 $t_d=200℃$；

设计流量 $G_d=120\mathrm{t/h}$；

取"瓦-泡"界面温度 $t_2=120℃$；

可求得入口处微孔硅酸钙瓦的导热系数 $\lambda_1=0.0709\mathrm{W/(m\cdot℃)}$。

取保温层外表面温度 $t_w=20℃$；

取聚氨酯泡沫导热系数 $\lambda_2 = 0.035\mathrm{W/(m \cdot ℃)}$。

上述数据代入管道保温计算公式：

$$q = \frac{2\pi(t - t_\mathrm{w})}{\dfrac{1}{\lambda_1}\ln\dfrac{d + 2\delta 1}{d} + \dfrac{1}{\lambda_2}\ln\dfrac{d + 2(\delta 1 + \delta 2)}{d}} = \frac{2\pi(200 - 20)}{\dfrac{1}{0.0709}\ln\dfrac{950}{630} + \dfrac{1}{0.035}\ln\dfrac{1230}{950}} = 85.85\mathrm{W/m}$$

经验算得"瓦-泡"界面温度 $t_2 = 120.8℃$，可以接受。将结果代入热平衡公式。在设计负荷下，$G$ 等于 120t/h。对于管道为 6km 的管线：

$$GC_\mathrm{p}(t_0 - t_3) = q(1 + \alpha)L \times 3.6$$

忽略该管段第 2 点和第 3 点支线分流的影响：

$$120 \times 2.429 \times (200 - t_3) = 85.85 \times (1 + 0.1) \times 6 \times 3.6$$

$$t_3 = 193℃$$

根据求得管段终点蒸汽温度得到管段平均蒸汽温度，重新计算管段平均散热强度 $q$，根据管段平均温度，计算管段平均蒸汽压力，进一步得到管段平均蒸汽定压比热 $C_\mathrm{p}$，反复迭代计算。

按同样方法计算平均流量 $G_\mathrm{m}$ 等于 84t/h 和最小流量 $G_\mathrm{min}$ 等于 48t/h 工况下管段终点温度 $t_3$。

$G_\mathrm{m} = 84$t/h 时，$t_3 = 190℃$，平均每千米温降为 1.67℃/km。

$G_\mathrm{m} = 48$t/h 时，$t_3 = 182.5℃$，平均每千米温降为 2.91℃/km。

增加管道保温厚度后使管网建造成本上升。本优化方案下调了管网入口蒸汽压力（从 1.6MPa 下调到 1.0MPa），下调了管网入口蒸汽温度（从 300℃ 下调到 200℃）。300℃ 下 20 号钢的许用应力等于 99MPa，200℃ 时的许用应力等于 125MPa。许用应力上升，设计压力下降，管道的壁厚可以大幅度下降。节省的钢材费用等于增加的管道保温费用。

本工程原设计参数下运行完全没有可能使管网热效率达到 92% 合格线以上。随着时间的推移，蒸汽管网的热效率要求将越来越严格，关注且认真研究蒸汽管网耗能机理，合理设定管网参数有助于降本增效。

# 附　　录

## 国际单位制字头

| | T | $10^{12}$ | tera | 兆 |
|---|---|---|---|---|
| | G | $10^{9}$ | giga | 吉 |
| | M | $10^{6}$ | mega | 百万 |
| | K | $10^{3}$ | kilo | 千 |
| | h | $10^{2}$ | hecto | 百 |
| | da | 10 | deca | 十 |
| | dw | $10^{-1}$ | deci | 分 |
| | c | $10^{-2}$ | centi | 厘 |
| | m | $10^{-3}$ | milli | 毫 |
| | μ | $10^{-6}$ | micro | 微 |
| | n | $10^{-9}$ | nano | 纳 |
| | p | $10^{-12}$ | pico | 皮 |
| | f | $10^{-15}$ | femco | 飞 |

## 干空气物理性质（$p=0.101MPa$）

| 温度 $t$ (℃) | 密度 $\rho$ (kg/m³) | 定压比热 $C_p$ [kJ/(kg·℃)] | 导热系数 $\lambda$ [$10^2$W/(m·℃)] | 流体导温系数 $\alpha$($10^6$m²/s) | 动力黏度 $\mu$[$10^4$kg·s/m²] | 运动黏度 $\nu$($10^6$m²/s) | 普朗特准则 $Pr$(无量纲) |
|---|---|---|---|---|---|---|---|
| −30 | 1.453 | 1.013 | 2.20 | 14.9 | 15.7 | 10.8 | 0.723 |
| −20 | 1.395 | 1.009 | 2.28 | 16.2 | 16.2 | 11.61 | 0.716 |
| −10 | 1.342 | 1.005 | 2.36 | 17.4 | 16.7 | 12.43 | 0.712 |
| 0 | 1.293 | 1.005 | 2.44 | 18.8 | 17.2 | 13.28 | 0.707 |
| 10 | 1.247 | 1.005 | 2.51 | 20.0 | 17.6 | 14.16 | 0.705 |
| 20 | 1.205 | 1.005 | 2.59 | 21.4 | 18.1 | 15.06 | 0.703 |
| 30 | 1.165 | 1.005 | 2.67 | 22.9 | 18.6 | 16.00 | 0.701 |

| 温度 $t$ （℃） | 密度 $\rho$ （kg/m³） | 定压比热 $C_p$ ［kJ/(kg·℃)］ | 导热系数 $\lambda$ ［$10^2$W/(m·℃)］ | 流体导温系数 $\alpha$（$10^6$m²/s） | 动力黏度 $\mu$［$10^4$kg·s/m²］ | 运动黏度 $\nu$（$10^6$m²/s） | 普朗特准则 $Pr$（无量纲） |
|---|---|---|---|---|---|---|---|
| 40 | 1.128 | 1.005 | 2.76 | 24.3 | 19.1 | 16.96 | 0.699 |
| 50 | 1.093 | 1.005 | 2.83 | 25.7 | 19.6 | 17.95 | 0.698 |
| 60 | 1.060 | 1.005 | 2.90 | 27.2 | 20.1 | 18.97 | 0.696 |
| 70 | 1.029 | 1.009 | 2.96 | 28.6 | 20.6 | 20.02 | 0.694 |
| 80 | 1.000 | 1.009 | 3.05 | 30.2 | 21.1 | 21.09 | 0.692 |
| 90 | 0.972 | 1.009 | 3.13 | 31.9 | 21.5 | 22.10 | 0.690 |
| 100 | 0.946 | 1.009 | 3.21 | 33.6 | 21.9 | 23.13 | 0.688 |
| 120 | 0.898 | 1.009 | 3.34 | 36.8 | 22.8 | 25.45 | 0.686 |
| 140 | 0.854 | 1.013 | 3.49 | 40.3 | 23.7 | 27.80 | 0.684 |
| 160 | 0.815 | 1.017 | 3.64 | 43.9 | 24.5 | 30.09 | 0.682 |
| 180 | 0.779 | 1.022 | 3.78 | 47.5 | 25.3 | 32.49 | 0.681 |
| 200 | 0.746 | 1.026 | 3.93 | 51.4 | 26.0 | 34.85 | 0.680 |
| 250 | 0.674 | 1.038 | 4.27 | 61.0 | 27.4 | 40.61 | 0.677 |
| 300 | 0.615 | 1.047 | 4.6 | 71.6 | 29.7 | 48.33 | 0.674 |
| 350 | 0.566 | 1.059 | 4.91 | 81.9 | 31.4 | 55.46 | 0.676 |
| 400 | 0.524 | 1.068 | 5.21 | 93.1 | 33.0 | 63.09 | 0.678 |
| 500 | 0.456 | 1.093 | 5.74 | 115.3 | 36.2 | 79.38 | 0.687 |

# 附录：3

## 饱和状态水、水蒸气性质表（按压力排序）

| 压力 $P$ （MPa） | 饱和温度 $t_s$（℃） | 水的比容 $v'$（m³/kg） | 水蒸气的比容 $v''$（m³/kg） | 水的密度 $\rho'$（kg/m³） | 水蒸气的密度 $\rho''$（kg/m³） | 水的焓值 $h'$（kJ/kg） | 水蒸气的焓值 $h''$（kJ/kg） | 汽化潜热 $r$（kJ/kg） |
|---|---|---|---|---|---|---|---|---|
| 0.10 | 99.61 | 0.001043 | 1.694 | 958.77 | 0.59 | 417.436 | 2674.95 | 2257.51 |
| 0.20 | 120.21 | 0.001061 | 0.8857 | 942.51 | 1.13 | 504.68 | 2706.24 | 2201.56 |
| 0.30 | 133.53 | 0.001073 | 0.6058 | 931.97 | 1.65 | 561.46 | 2724.89 | 2163.44 |
| 0.40 | 143.61 | 0.001084 | 0.4624 | 922.51 | 2.16 | 604.72 | 2738.06 | 2133.33 |
| 0.50 | 151.84 | 0.001093 | 0.3748 | 914.91 | 2.69 | 640.19 | 2748.11 | 2107.92 |
| 0.60 | 158.93 | 0.001101 | 0.3156 | 908.27 | 3.17 | 670.50 | 2756.14 | 2085.64 |
| 0.70 | 164.95 | 0.001108 | 0.2728 | 902.53 | 3.67 | 697.14 | 2762.75 | 2065.61 |
| 0.80 | 170.41 | 0.001115 | 0.2403 | 896.86 | 4.16 | 721.02 | 2768.30 | 2047.28 |
| 0.90 | 175.36 | 0.001121 | 0.2149 | 892.06 | 4.65 | 742.72 | 2773.04 | 2030.31 |
| 1.00 | 179.89 | 0.001127 | 0.1943 | 887.31 | 5.15 | 762.68 | 2777.12 | 2014.44 |
| 1.10 | 184.07 | 0.001133 | 0.1774 | 882.61 | 5.64 | 781.20 | 2780.67 | 1999.47 |
| 1.20 | 187.96 | 0.001139 | 0.1633 | 877.96 | 6.12 | 798.50 | 2783.77 | 1985.27 |
| 1.30 | 191.60 | 0.001144 | 0.1512 | 874.13 | 6.61 | 814.76 | 2786.49 | 1971.73 |
| 1.40 | 195.05 | 0.001149 | 0.1408 | 870.32 | 7.10 | 830.13 | 2788.89 | 1958.76 |
| 1.50 | 198.30 | 0.001154 | 0.1317 | 866.55 | 7.59 | 844.72 | 2791.01 | 1946.29 |

| 压力 P (MPa) | 饱和温度 $t_s$(℃) | 水的比容 $v'$(m³/kg) | 水蒸气的比容 $v''$(m³/kg) | 水的密度 $\rho'$(kg/m³) | 水蒸气的密度 $\rho''$(kg/m³) | 水的焓值 $h'$(kJ/kg) | 水蒸气的焓值 $h''$(kJ/kg) | 汽化潜热 $r$(kJ/kg) |
|---|---|---|---|---|---|---|---|---|
| 1.60 | 201.38 | 0.001159 | 0.1237 | 862.81 | 8.08 | 858.61 | 2792.88 | 1934.27 |
| 1.70 | 204.31 | 0.001163 | 0.1167 | 859.85 | 8.57 | 871.89 | 2794.53 | 1922.64 |
| 1.80 | 207.12 | 0.001168 | 0.1104 | 856.16 | 9.06 | 884.61 | 2795.99 | 1911.37 |
| 1.90 | 209.81 | 0.001172 | 0.1047 | 853.24 | 9.55 | 896.84 | 2797.26 | 1900.42 |
| 2.00 | 212.38 | 0.001177 | 0.0996 | 849.62 | 10.04 | 908.62 | 2798.38 | 1989.76 |
| 2.10 | 214.87 | 0.001181 | 0.0949 | 846.74 | 10.54 | 919.99 | 2799.36 | 1879.37 |
| 2.20 | 217.26 | 0.001185 | 0.0907 | 843.88 | 11.03 | 930.98 | 2800.20 | 1869.22 |
| 2.30 | 219.56 | 0.001189 | 0.0868 | 841.04 | 11.52 | 941.63 | 2800.92 | 1859.30 |
| 2.40 | 221.80 | 0.001193 | 0.0832 | 838.22 | 12.02 | 951.95 | 2801.54 | 1849.58 |
| 2.50 | 223.96 | 0.001197 | 0.0799 | 835.42 | 12.52 | 961.98 | 2802.04 | 1840.06 |
| 2.60 | 226.05 | 0.001201 | 0.0769 | 832.64 | 13.00 | 971.74 | 2802.45 | 1830.71 |
| 2.70 | 228.09 | 0.001205 | 0.0741 | 829.88 | 13.50 | 981.24 | 2802.78 | 1821.54 |
| 2.80 | 230.06 | 0.001209 | 0.0714 | 827.13 | 14.01 | 990.50 | 2803.02 | 1812.51 |
| 2.90 | 231.99 | 0.001213 | 0.0690 | 824.40 | 14.49 | 999.54 | 2803.18 | 1803.63 |
| 3.00 | 233.86 | 0.001217 | 0.0667 | 821.69 | 14.99 | 1008.37 | 2803.26 | 1794.89 |
| 3.10 | 235.68 | 0.001220 | 0.0645 | 819.67 | 15.50 | 1017.00 | 2803.28 | 1786.28 |
| 3.20 | 237.46 | 0.001224 | 0.0625 | 816.99 | 16.00 | 1025.45 | 2803.24 | 1777.79 |
| 3.30 | 239.20 | 0.001228 | 0.0606 | 814.33 | 16.50 | 1033.72 | 2803.13 | 1769.41 |
| 3.40 | 240.90 | 0.001231 | 0.0588 | 812.35 | 17.01 | 1041.83 | 2802.96 | 1761.14 |
| 3.50 | 242.56 | 0.001235 | 0.0571 | 809.72 | 17.51 | 1049.78 | 2802.74 | 1752.97 |
| 3.60 | 244.19 | 0.001239 | 0.0554 | 807.10 | 18.05 | 1057.57 | 2802.47 | 1744.90 |
| 3.70 | 245.78 | 0.001242 | 0.0539 | 805.15 | 18.55 | 1065.23 | 2802.15 | 1736.91 |
| 3.80 | 247.33 | 0.001246 | 0.0525 | 802.57 | 19.05 | 1072.76 | 2801.78 | 1729.02 |
| 3.90 | 248.86 | 0.001249 | 0.0511 | 800.64 | 19.57 | 1080.15 | 2801.36 | 1721.21 |
| 4.00 | 250.36 | 0.001253 | 0.0498 | 798.08 | 20.08 | 1087.43 | 2800.90 | 1713.47 |

## 附录：4

### 饱和状态水、水蒸气性质表（按温度排序）

| 温度 t (℃) | 饱和压力 $P_s$(MPa) | 水的比容 $v'$(m³/kg) | 水蒸气的比容 $v''$(m³/kg) | 水的密度 $\rho'$(kg/m³) | 水蒸气的密度 $\rho''$(kg/m³) | 水的焓值 $h'$(kJ/kg) | 水蒸气的焓值 $h''$(kJ/kg) | 汽化潜热 $r$(kJ/kg) |
|---|---|---|---|---|---|---|---|---|
| 100 | 0.1014 | 0.001043 | 1.6719 | 958.77 | 0.60 | 419.10 | 2675.57 | 2256.47 |
| 105 | 0.1209 | 0.001047 | 1.4185 | 955.11 | 0.70 | 440.21 | 2683.39 | 2243.18 |
| 110 | 0.1434 | 0.001052 | 1.2094 | 950.57 | 0.83 | 461.36 | 2691.07 | 2229.70 |
| 115 | 0.1692 | 0.001056 | 1.0359 | 946.97 | 0.97 | 482.55 | 2698.58 | 2216.03 |
| 120 | 0.1987 | 0.001060 | 0.8913 | 943.40 | 1.12 | 503.78 | 2705.93 | 2202.15 |
| 125 | 0.2322 | 0.001065 | 0.7701 | 938.97 | 1.30 | 525.06 | 2713.11 | 2188.04 |

续表

| 温度 $t$ (℃) | 饱和压力 $P_s$(MPa) | 水的比容 $v'$(m³/kg) | 水蒸气的比容 $v''$(m³/kg) | 水的密度 $\rho'$(kg/m³) | 水蒸气的密度 $\rho''$(kg/m³) | 水的焓值 $h'$(kJ/kg) | 水蒸气的焓值 $h''$(kJ/kg) | 汽化潜热 $r$(kJ/kg) |
|---|---|---|---|---|---|---|---|---|
| 130 | 0.2703 | 0.001070 | 0.6681 | 934.58 | 1.50 | 546.39 | 2720.19 | 2173.70 |
| 135 | 0.3132 | 0.001075 | 0.5818 | 930.23 | 1.72 | 567.77 | 2726.87 | 2159.10 |
| 140 | 0.3615 | 0.001080 | 0.5085 | 925.93 | 1.97 | 589.20 | 2733.44 | 2144.24 |
| 145 | 0.4156 | 0.001085 | 0.4460 | 921.66 | 2.24 | 610.69 | 2739.80 | 2129.10 |
| 150 | 0.4761 | 0.001091 | 0.3925 | 916.59 | 2.55 | 632.25 | 2745.92 | 2113.67 |
| 155 | 0.5434 | 0.001096 | 0.3465 | 912.41 | 2.89 | 653.88 | 2751.80 | 2097.92 |
| 160 | 0.6181 | 0.001102 | 0.3068 | 907.44 | 3.26 | 675.57 | 2757.49 | 2081.86 |
| 165 | 0.7008 | 0.001108 | 0.2725 | 902.53 | 3.67 | 697.35 | 2762.80 | 2065.45 |
| 170 | 0.7921 | 0.001114 | 0.2426 | 897.67 | 4.12 | 719.21 | 2767.89 | 2048.69 |
| 175 | 0.8924 | 0.001121 | 0.2166 | 892.06 | 4.62 | 741.15 | 2772.70 | 2031.55 |
| 180 | 1.0026 | 0.001127 | 0.1939 | 887.30 | 5.17 | 763.19 | 2777.22 | 2014.03 |
| 185 | 1.1233 | 0.001134 | 0.1739 | 881.83 | 5.75 | 785.32 | 2781.43 | 1996.10 |
| 190 | 1.2550 | 0.001141 | 0.1564 | 876.42 | 6.39 | 807.57 | 2785.30 | 1977.74 |
| 195 | 1.3986 | 0.001149 | 0.1409 | 870.32 | 7.10 | 829.92 | 2788.86 | 1958.54 |
| 200 | 1.5547 | 0.001157 | 0.1272 | 864.30 | 7.86 | 852.39 | 2792.06 | 1939.67 |
| 205 | 1.7240 | 0.001164 | 0.1151 | 859.11 | 8.69 | 874.99 | 2794.90 | 1919.90 |
| 210 | 1.9074 | 0.001173 | 0.1043 | 852.51 | 9.53 | 897.73 | 2797.35 | 1899.62 |
| 215 | 2.1055 | 0.001181 | 0.0947 | 846.74 | 10.56 | 920.61 | 2799.41 | 1878.80 |
| 220 | 2.3193 | 0.001190 | 0.0861 | 840.34 | 11.61 | 943.64 | 2801.05 | 1857.41 |
| 225 | 2.5494 | 0.001199 | 0.0784 | 834.03 | 12.76 | 966.84 | 2802.26 | 1935.42 |
| 230 | 2.7968 | 0.001209 | 0.0715 | 827.13 | 13.99 | 990.21 | 2803.01 | 1812.80 |
| 235 | 3.0622 | 0.001219 | 0.0653 | 820.34 | 15.31 | 1013.77 | 2803.28 | 1789.52 |
| 240 | 3.3467 | 0.001229 | 0.0597 | 813.67 | 16.75 | 1037.52 | 2803.06 | 1765.54 |
| 245 | 3.6509 | 0.001240 | 0.0547 | 806.45 | 18.28 | 1061.49 | 2802.31 | 1740.82 |
| 250 | 3.9739 | 0.001252 | 0.0510 | 798.72 | 19.96 | 1085.69 | 2801.01 | 1715.33 |
| 255 | 4.3227 | 0.001264 | 0.0459 | 791.14 | 21.79 | 1110.13 | 2799.13 | 1689.01 |
| 260 | 4.6921 | 0.001276 | 0.0422 | 783.70 | 23.70 | 1134.83 | 2796.64 | 1661.82 |
| 265 | 5.0851 | 0.001289 | 0.0388 | 775.80 | 25.77 | 1159.81 | 2793.51 | 1633.70 |
| 270 | 5.5028 | 0.001303 | 0.0356 | 767.46 | 28.09 | 1185.09 | 2789.69 | 1604.60 |
| 275 | 5.9463 | 0.001318 | 0.0328 | 758.73 | 30.49 | 1210.70 | 2785.14 | 1574.44 |
| 280 | 6.4165 | 0.001333 | 0.0302 | 750.19 | 33.11 | 1236.67 | 2779.82 | 1543.15 |
| 285 | 6.9145 | 0.001349 | 0.0278 | 741.29 | 35.97 | 1263.02 | 2773.67 | 1510.65 |
| 290 | 7.4416 | 0.001366 | 0.0256 | 732.06 | 39.06 | 1289.80 | 2766.63 | 1476.84 |
| 295 | 7.9990 | 0.001385 | 0.0235 | 722.02 | 42.55 | 1317.03 | 2758.63 | 1441.60 |
| 300 | 8.5877 | 0.001404 | 0.0217 | 712.25 | 46.08 | 1344.77 | 2749.57 | 1404.80 |

# 主要参考文献

[1]  莫理京. 绝热工程技术手册 [M]. 北京：中国石化出版社，1997.

[2]  W. 瓦格纳，A. 克鲁泽. 水和蒸汽的性质 [M]. 项红卫，译. 北京：科学出版社，2003.

[3]  沈春林. 喷涂聚氨酯硬泡体防水保温材料 [M]. 北京：化学工业出版社，2014.

[4]  天津大学. 供热通风热工程理论基础 [M]. 北京：中国建筑工业出版社，1978.

[5]  皮特·兰德劳夫. 区域供热手册 [M]. 贺平，王钢，译. 哈尔滨：哈尔滨工程大学出版社，1998.

[6]  宋岢岢. 管道应力分析与工程应用 [M]. 北京：中国石化出版社，2020.

[7]  贺平，孙刚，盛昌源. 供热工程 [M]. 3 版. 北京：中国建筑工业出版社，1993.

[8]  周谟仁. 流体力学 泵与风机 [M]. 3 版. 北京：中国建筑工业出版社，1994.

[9]  E. R. G. 埃克尔特，R. M. 雷德克. 传热与传质 [M]. 徐明德，张闻骏，译. 北京：科学出版社，1963.

[10]  曹宇平. 材料力学 [M]. 北京：中国建筑工业出版社，1978.

[11]  黄奇明. 铝箔绝热材料及其应用 [M]. 杭州：浙江科学技术出版社，1985.

[12]  岳进才. 压力管道技术 [M]. 北京：中国石化出版社，2006.

# 后　　记

　　本书成稿于 2020 年秋。原拟次年春天出版。然而被其他事情打乱了许多工作安排。本书稿也因之搁置至今。

　　集中供热是个新兴行业，我国始于 20 世纪。改革开放加速了行业发展。就其规模，世界居冠。然而环视众多行业，集中供热略显冷僻，从业人员较少。以至到目前系统阐述集中供热，尤其是集中供蒸汽的管网技术的专著缺失。鉴于此，撰写本书，希望作为参考书籍为业内工作者照亮眼前五尺之路。谨此。

2023 年 10 月 1 日于上海